Grundlagen der Halbleiterphysik II

Jürgen Smoliner

Grundlagen der Halbleiterphysik II

Nanostrukturen und
niedrigdimensionale
Elektronensysteme

2., überarbeitete und erweiterte Auflage

 Springer Spektrum

Jürgen Smoliner
Institut für Festkörperelektronik
TU Wien, Wien, Österreich

ISBN 978-3-662-62607-8   ISBN 978-3-662-62608-5   (eBook)
https://doi.org/10.1007/978-3-662-62608-5

Planung/Lektorat: Margit Maly
Springer Spektrum ist ein Imprint der eingetragenen Gesellschaft Springer-Verlag GmbH, DE und ist ein Teil von Springer Nature.
Die Anschrift der Gesellschaft ist: Heidelberger Platz 3, 14197 Berlin, Germany

Vorwort zur zweiten Auflage

Zuerst sei die zweite Auflage dieses Buches den Ärzten und dem Pflegepersonal der Landeskrankenhäuser Mödling und Baden gewidmet. Ohne ihre Hilfe wäre die zweite Auflage wohl nicht mehr erschienen.

Zwei Jahre sind seit der Veröffentlichung der ersten Auflage vergangen, und auch der zweite Teil des Buches fand so einige Leser. Den Feedback, den ich während dieser Zeit von den Lesern bekommen habe, werden auch Sie zu schätzen wissen, denn die ‚Helden von Haegrula‘ (Details finden sich im Dank) entdeckten in der ersten Auflage eine ganze Anzahl von Fehlern, über die Sie sich jetzt nicht mehr ärgern müssen. Alle Hinweise auf Fehler, sowie Verbesserungsvorschläge werden natürlich weiterhin dankend angenommen und selbstverständlich auf der Liste der Helden von Haegrula namentlich verewigt. Ein gratis-Update auf die aktuellste Vorab-Version der nächsten Auflage des Buches bekommen Sie dann natürlich auch, aber nur, wenn Sie sich mit echtem Namen und Affiliation bei mir melden. Adressen wie ‚grummelbrumpf@darknet.net‘ sind leider nicht akzeptabel. Wir alle wollen eine bessere nächste Auflage, und selbst der Springer-Verlag hat nichts dagegen.

Nach zwei Jahren fiel es mir dann auch auf, dass in der ersten Ausgabe des Buches zwei Dinge fehlen, die für ein schönes Gesamtbild des elektronischen Transports in niedrigdimensionalen Elektronensystemen aber doch recht wichtig sind: Der Stromtransport in transversalen Magnetfeldern und der Stromtransport in resonanten Tunneldioden. Für die zweiten Ausgabe des Buches wurde daher die Geschichte der transversalen Magnetfelder in das Kapitel über zweidimensionale Elektronengase eingearbeitet; den resonanten Tunneldioden wurde dann ein eigenes Kapitel gewidmet. Weitere, kleinere Ergänzungen finden sich überall verteilt im Text.

Vorwort zur ersten Auflage

Das Buch Grundlagen der Halbleiterphysik II schließt nahtlos an das Buch Grundlagen der Halbleiterphysik an und widmet sich den elektronischen Eigenschaften und der schönen Physik von niedrigdimensionalen Elektronensystemen. Und besser, ich sage es gleich: Dieses Buch ist für Studierende der Elektrotechnik im dritten Semester denkbar ungeeignet. Gut geeignet ist es hingegen für Studierende, die kurz vor ihrer Diplomarbeit eine Halbleiterphysik-Vorlesung besuchen müssen, geeignet ist es aber auch als praktische Einstiegsliteratur für Diplomanden und Doktoranden auf dem Gebiet der niedrigdimensionalen Halbleiterphysik. Der große Vorteil dieses Buches ist, dass es ihnen einen kompakten Überblick über die elektronischen Eigenschaften von Nanostrukturen in deutscher Sprache bietet. Alle derzeit verfügbaren Bücher über Nanostrukturen sind, soweit ich weiß, in englischer Sprache verfasst und noch dazu hochgradig spezialisiert. Einige Bücher, die auch ich verwende, finden sich in der Literaturliste. Dem angehenden Diplomanden nützen diese Bücher aber wenig, ganz im Gegenteil, es drohen ihm im Angesicht der Unmenge von völlig unbekannten Spezialausdrücken Haar- und Bartausfall, der dann nur noch mit genügend Bier bekämpft werden kann. Diplomandinnen scheinen eher Schokolade als Antidepressivum zu bevorzugen, hatte ich jedenfalls den Eindruck. Mein Vorschlag: Verschaffen Sie sich erst einmal einen Überblick mit Hilfe dieses Buches; die Übersetzungen der wichtigsten Spezialausdrücke finden Sie verstreut im Text. Anschließend sollte es Ihnen hoffentlich leichter fallen, die Spezialliteratur für Ihr persönliches Fachgebiet zu verstehen.

Schöne physikalische Effekte finden sich jedenfalls nur eher selten im Betriebsbereich der Haushaltselektronik. Wundern Sie sich also nicht, wenn von nun ab von flüssigem Helium geredet wird, über Temperaturen im Bereich von $T = 4K$ oder darunter und von Magnetfeldern im Bereich von $B = 10T$ oder mehr. Falls Sie Probleme haben, sich diese Betriebsbedingungen vorzustellen: Wenn Sie einen Gummischlauch oder eine Blume auf Stickstofftemperatur ($T = 77K$) abkühlen (ein beliebter Versuch in der Schule) und dann fallen lassen, zersplittert das wie Glas. Flüssiges Helium ist einfach nur noch kälter und daher massiv teurer als flüssiger Stickstoff. Für den Gummischlauch wäre das Abkühlen auf $T = 4K$ Geldverschwendung, für niedrigdimensionale Elektronensysteme kommt man leider nicht darum herum, wenn man etwas Vernünftiges messen will. Was passiert nun bei $B = 10T$? Wir haben einen Magneten, der bei Raumtemperatur ein Feld von B=0.5T liefert. Sollten Sie zufällig mit Ihrer mechanischen Armbanduhr am Handgelenk in diesem Magnetfeld herumhantieren, brauchen Sie anschließend eine neue. Rein elektronische Armbanduhren werden wohl die Zeit nicht mehr ganz richtig anzeigen. Ein Schraubenschlüssel wird Ihnen bei dem Magnetfeld einfach aus der Hand gerissen, und aus dem laufenden Magneten bekommen Sie den dann auch nicht mehr so einfach heraus. Bei einem Feld von B = 10T im supraleitenden Magneten ist das Streufeld so groß, dass damals, gegen Ende des letzten Jahrtausends, auf den alten Röhrenmonitoren im Nachbarlabor das Bild um mindestens 30° gedreht war und zusätzlich schöne, oft auch irreversible Farbeffekte am Monitor beobachtet werden konnten. Das war aber bei den Kollegen im Nachbarlabor eher unbeliebt, kann ich Ihnen schriftlich versichern.

Langer Rede, kurzer Sinn: Schöne Physik findet man in der Halbleiterei nur unter eher extremen Betriebsbedingungen, und die zugehörigen Berechnungen sind dann auch nicht mehr für einen simplen Taschenrechner geeignet. Da das alles nichts mehr mit Populärwissenschaften zu tun hat, welche man bei Wikipedia nachlesen kann, musste der Inhalt der folgenden Kapitel mühsam aus Originalarbeiten und entsprechenden Übersichtsartikeln zusammengetragen werden. Die Quellen finden Sie im Literaturverzeichnis.

Genau wie im ersten Buch wird auch hier nicht einmal der Versuch unternommen, das Gebiet der niedrigdimensionalen Elektronensysteme auch nur annähernd komplett abzudecken. Das Buch soll nur einen ausreichend guten Einstieg in die Materie bieten, so dass ein selbständiges Studium tieferer Probleme möglich ist.

Wien   Jürgen Smoliner
Oktober 2020

Danksagung

Auch dieser zweite Teil des Buches wäre nie entstanden, hätte meine Frau Cilja im Frühjahr 2016 nicht gesagt: Du hast gerade kein Forschungsprojekt, also eh nichts zu tun. Du hängst nur demotiviert herum, langweilst Dich, also warum schreibst Du nicht ein Skriptum oder besser noch ein Buch?

Das war, wie sich herausstellte, eine ausgezeichnete Idee, denn die Arbeit an diesem Buch machte dank des grandiosen Feedbacks von studentischer Seite wirklich Spaß. Natürlich brauchte die ganze Angelegenheit einen Arbeitstitel, und da wir als Physiker und Elektrotechniker vermutlich fast alle Freunde von Fantasy, entsprechenden Computerspielen und epischen Heldensagen sind, ist dieser Text intern als *Haegrula Saga, Haegrula* steht für Halbleiterelektronik Grundlagen, bekannt.

Die ersten Kapitel im Teil II dieser Saga stammen aus der Urzeit des Vorlesungsskriptums ‚Halbleiterelektronik‘ und wurden zu Beginn des Jahrtausends von den Dinosauriern dieses Projekts korrigiert, und das Buch wäre in dieser Qualität ohne den selbstlosen und heldenhaften Einsatz der hier aufgelisteten Studenten und Studentinnen niemals entstanden. Hier ist also die Liste der Heldinnen und Helden von Haegrula-II (Halbleiterelektronik-Grundlagen II) und deren Heldentaten im Detail:

- Michael Eberhardt, Sebastian Kral, Martin Kriz und Paul Marko waren meine LATEX-Ghostwriter der ersten Stunden und entzifferten im Jahre 2010 mit endloser Geduld mein handgeschmiertes Originalskriptum. Sie legten den Grundstock für das vorliegende Buch.
- Hilfe hatten sie dabei von Thomas Hartmann bekommen, der sich schon 2009 bemüht hatte, das Originalskriptum in ein MS-Word-2007 Dokument zu verwandeln. Leider war dieses Dokument nicht sehr kompatibel mit anderen Plattformen, und so dauerte es bis zum Jahr 2010, ehe die darin enthaltenen Formeln mittels Mathtype 6.0 und LATEX recycelt werden konnten.
- Weitere Unterkapitel aus den frühen Anfangszeiten dieser Vorlesung wurden beigesteuert von Clemens Novak und Andreas Worliczek.
- Das Originalskriptum in den Versionen 1.x.x korrigierten Tobias Flöry, Martin Janits, Gerhard Rzepa, und Stefan Wagesreither.

- Um das Skriptum in den Versionen 2.x.x bemühten sich Manuel Messner, Christian Hölzel, Peter Gruber, Thomas Kadziela, Günther Mader, Elisabeth Wistrela, Rüdiger Sonderfeld, Lukas Dobusch und Nikolaus Lehner.
- Ein neuer Abschnitt zum Thema Wellenpakete entstand aus den Anregungen von David Feilacher. Diskussionen mit Sana Zunic führten zu wichtigen Ergänzungen und Korrekturen zum Thema Unschärferelation.
- Korrekturen und Vorschläge zur Verbesserung des Skriptums in den Versionen 3.3.x wurden beigetragen von den Studenten Sebastian Glassner, Markus Kampl, Christian Hartl, Jürgen Meier, Dominic Waldhör, Gernot Fleckl, und Marko Stübegger.
- Korrekturen und Vorschläge zur Verbesserung des Skriptums in den Versionen 3.4.x, besonders im Kapitel ‚Unschärferelation‘, verdanke ich Theresia Knobloch, Michael Stückler und meinem Kollegen Hans Kosina.
- Wir schreiben inzwischen das Jahr 2017, und es wurden erste Anstrengungen unternommen, die Kapitel über die niedrigdimensionalen Elektronensysteme so zu modernisieren, dass sie in Buchform erscheinen können. Zu diesem Zweck wurden zuerst ein paar angeschimmelte Abbildungen entfernt und durch neue ersetzt. Schöne Originalbilder rückt aber auch nicht jeder heraus. Mein ausdrücklicher Dank geht daher an Herrn Dr. Hans Werner Schumacher, Department 2.5, Physikalisch-Technische Bundesanstalt, Bundesallee 100, 38116 Braunschweig, Deutschland, für die Bilder im Abschnitt über die Elektronenpumpen.
- Der erste Held des Skriptums in der Version 5.x.x ist Michael Hauser. Während der Prüfungsvorbereitung rechnete er vieles nach und fand auf diese Weise 32 gröbere Probleme im Skriptum, welche ich dann etwas mühselig beseitigen durfte. Er machte auch noch später die Prüfung in Nanoelektronik, fand weitere Fehler, und hat damit zwei Haegrula-Orden.
- Gegen Ende 2017 wird das Buchprojekt konkreter. Das Gesamtkunstwerk ist nun in die Haegrula-Saga I+II aufgespalten. Patrick Fleischanderl las endlich einmal gründlich die Kapitel über die niedrigdimensionalen Elektronensysteme und entdeckte dort noch viele Fehler. Alle hat er aber bei weitem nicht gefunden, denn Marie Ertl fand noch immer eine große Anzahl von Peinlichkeiten in den hinteren Kapiteln. Simon Howind fand weitere kleinere Irrtümer.
- Im Frühjahr 2018 ist es offiziell: Die Kapitel über die niedrigdimensionalen Elektronensysteme werden in Buchform mit dem Titel ‚Grundlagen der Halbleiterphysik II‘ erscheinen. Edwin Willegger war der erste Held der Buchausgabe dieses Skriptums.
- Lukas Wind bewahrte meine Ehre. Dank Ihm gibt es jetzt 41 peinliche Fehler weniger im Text. Inkonsistenzen beim Formelwerk im Abschnitt über BEEM wurden dank seiner Hinweise ebenfalls beseitigt.
- Freunde der Haegrula Saga gibt es inzwischen auch auf der Fakultät für Physik! Mein aufrichtiger Dank geht, wie schon im Teil I dieses Buches, an Matthias Riesinger. Er fand auch im Teil II noch einiges, das ich übersehen hatte, und vor allem machte er mich darauf aufmerksam, dass die Geschichte vom SdH-Effekt so wohl nicht sein kann.
- Ich liebe diesen Deal, der schon seit Jahren lautet: Jeder gefundene inhaltliche Fehler im Buch erspart dir eine Prüfungsfrage. Manuel Reichenpfader machte

- auf diese Weise ca. vier Prüfungen in Halbleiterelektronik auf einmal und ging mit der Note ‚sehr gut' zufrieden nach Hause. Ich ging auch zufrieden nach Hause, denn Sie müssen sich jetzt nicht mehr über ca. 20 unnötige Fehler im Buch und über meine sonstigen Schlampereien ärgern.
- Wir schreiben so langsam das Jahr 2019 und das Buch geht in die Richtung einer zweiten, fehlerbereinigten Auflage. Die Helden der Haegrula Saga geben weiterhin ihr Bestes, und man glaubt es nicht, wie viele schwachsinnige Fehler nach all dieser Zeit noch immer und überall auftauchen.
- Christian Schleich fand einige dumme Fehler, die dann den Studierenden seit dem WS 18/19 erspart blieben. Weitere Helden dieser Saga, wie Vinzenz Stummer und Stefan Zemann, fanden aber noch mehr. Marin Soce lieferte mir zusätzlich einigen Feedback, dessen Umsetzung mir doch ein wenig zusätzliche Arbeit bescherte. Thomas Werner beseitigte einige legasthenische Probleme in den neuen Kapiteln und fand auch im Formelwerk Dinge, die ich eigentlich hätte vorher selber sehen müssen.
- Sehr geehrter Herr Hauser, das vorgeschlagene Bild zum Thema zwei-dimensionale Diskretisierung jetzt ist drin, und Sie haben damit den Haegrula-Orden Nummer drei. Respekt, Respekt.
- Ich bin begeistert. Lukas Kussel von der TU-Dortmund, hat als erster Leser des Buches außerhalb der TU-Wien einen Fehlerbericht geschickt. Hiermit ist er auf der Heldenliste, und ein gratis-Update bekam er natürlich auch.
- Wir befinden uns im Jahre 2020, und der Text der zweiten Auflage ist an sich fertig, Arno Frank und Josef Gull fanden die hoffentlich letzten Fehler.
- Gerade noch rechtzeitig vor Redaktionsschluss gibt es in den Legenden von Haegrula den Auftritt eines wirklich harten Kämpfers. Raphael Böckle, gelang-weilt von seinem Leben als Student an einer FH, wechselte an die Elektro-technik der TU-Wien um neue Herausforderungen zu suchen. Davon gab es natürlich genug, doch unerschrocken kämpfte er alle nieder, Elektrodynamik und vieles mehr, nur die Halbleiterphysik war ein Feind, von dem er anfangs nicht wusste, wie er am besten zu besiegen war. Erleuchtung über die Vor-gangsweise fand er in den Weisheiten von Haegrula, und so beschloss er nach bestandener Prüfung, aus Dankbarkeit selbst einen Beitrag zur Saga zu leisten. Er suchte und fand Unwahrheiten und Schlampereien in beiden Teilen von Haegrula, merzte sie erbarmungslos aus, und machte auch eine Reihe von Ver-besserungsvorschlägen. Schließlich wurde er nicht nur zum Endredakteur dieser zweiten Auflage des Buches, sondern damit auch selbst ein Teil der Legende.
- Die Plätze auf der Liste der Helden von Haegrula sind hart umkämpft, besonders,wenn man es noch vor der gedruckten zweiten Auflage schaffen kann.Marco Teuschel, Dominik Winter und Markus Piller erreichten, sozusagen mit fliegenden Druckfahnen, dieses Ziel.
- Zum Schluss ergeht mein ganz besonderer Dank nochmals an unseren ehe-maligen Institutsvorstand Prof. Dr. Emmerich Bertagnolli für seine schier endlose Toleranz gegenüber den diversen Interessenskonflikten während der Erstellung dieses Buches.

Inhaltsverzeichnis

Quantenmechanik: Numerische Methoden

1

Inhaltsverzeichnis

1.1 Ohne Numerik kommt man nicht weit

Wir verlassen nun langsam endgültig den Bereich der Halbleiterei, welcher sich der Haushaltselektronik widmet, und wir kommen damit in das Reich der schönen und sehr esoterischen Physik im Bereich der zweidimensionalen, eindimensionalen und nulldimensionalen Elektronensysteme bei tiefsten Temperaturen und höchsten Magnetfeldern. Um dort überleben zu können, braucht es aber spezielle Fertigkeiten, denn die primitiven Methoden im ersten Teil dieses Buches sind zwar gut und wichtig zum grundsätzlichen Verständnis der Probleme, aber wenn Sie mit diesen Methoden hier wirklich etwas ausrechnen wollen, werden Sie wohl nicht weit kommen. Aus diesem Grund werden wir uns jetzt erst einmal mit ein paar numerischen Methoden aufmunitionieren. Wichtig: Die hier gezeigten Methoden funktionieren nur bei primitiven, eindimensionalen Problemen. Real world problems lassen sich damit eher nicht lösen. Dennoch erklären diese Methoden die Ideen, und Sie werden nicht völlig planlos sein, falls Sie sich an einem Institut für theoretische Halbleiterei um eine Diplomarbeit bewerben wollen.

Klären wir also zunächst einmal die Frage, was man tun muss, wenn man als experimenteller Halbleiterist im täglichen Laborleben wirklich etwas Konkretes ausrechnen will. Schon am Beispiel der Transmission der Einfachbarriere oder, schlimmer,

© Springer-Verlag GmbH Deutschland, ein Teil von Springer Nature 2021
J. Smoliner, *Grundlagen der Halbleiterphysik II*,
https://doi.org/10.1007/978-3-662-62608-5_1

bei den Energiezuständen eines unsymmetrischen, endlich tiefen Potentialtopfs aus der Halbleiterphysik-Übung sieht man, dass man mit den klassischen Methoden sofort große und komplexe Gleichungssysteme am Hals hat, die analytisch absolut nicht mehr zu handhaben sind. Wer das nicht glaubt, versuche sich bitte mal mit *Wolfram Alpha* an der Einfachbarriere. Wenn Sie die Lösung schaffen, geben Sie bitte den *Wolfram Alpha*-Code bei mir ab, ich werde mich erkenntlich zeigen. Ich bin jedenfalls kläglich gescheitert.

Mit etwas Numerik und einem einfachen Trick, nämlich der Annahme, dass alle Potentiale per Definition stückweise konstant sind, kommt man aber schon ein ganzes Stück weiter, und man kann so tatsächlich z. B. die Energiezustände in beeindruckend komplizierten Heterostrukturen ausrechnen. Wie man das im Detail macht, können Sie in den folgenden Unterkapiteln nachlesen. Wie immer und überall in diesem Buch bleiben wir aber bei eindimensionalen Problemen, und alle gezeigten Verfahren sollen Ihnen auch nur einen Einstieg bieten, damit Sie eine Ahnung davon bekommen, was in einem großen Simulator heutzutage alles drinnen steckt. Noch viel wichtiger, Sie sollten auch eine Ahnung von den Dingen bekommen, die vielleicht eben gerade nicht(!) in Ihrem Simulator stecken, obwohl man meint, sie sollten es.

1.2   Numerische Berechnung von Energiezuständen in einer Dimension

Nehmen wir also an, wir haben ein stückweise konstantes Potential mit ganz vielen Teilstücken (Abb. 1.1), und wir wollen die Energiezustände und die zugehörigen Wellenfunktionen in diesem Potential ausrechnen. Zu diesem Zweck setzen wir die Gesamtwellenfunktion einfach aus einer Summe von ebenen Wellen auf den einzelnen Teilstücken zusammen. Die Anschluß- und Randbedingungen auf den einzelnen Teilstücken liefern dann:

- Ein großes Gleichungssystem, welches man in Matrixform darstellen kann.
- Die Quantisierungsenergien: Das sind diejenigen Energien E_n und die zugehörigen k-Werte, bei denen, die Determinante der Koeffizientenmatrix eine Nullstelle hat. Für solche Probleme gibt es Programmpakete wie *Matlab*.
- Zur Berechnung der Wellenfunktionen löst man das Gleichungssystem für die entsprechenden Quantisierungsenergien mit Hilfe von *Matlab*. Die gewonnenen Koeffizienten liefern dann die Wellenfunktionen über die Beziehung

$$\Psi_n = \sum_j A_j e^{ik_j(z-z_j)} + B_j e^{-ik_j(z-z_j)}. \tag{1.1}$$

Die oben beschriebene Vorgehensweise ist zwar einleuchtend und mathematisch korrekt, aber die Rechenzeiten sind wegen der riesigen und noch dazu voll besetzten Matrizen eher länglich. Einfacher, und vor allem dramatisch schneller, kann man das Ganze auch mit einer direkten und erstaunlich primitiven Diskretisierung der

Schrödinger-Gleichung bekommen, die auf eine Bandmatrix mit nur drei Diagonalen führt. Wir starten wieder mit der Schrödinger-Gleichung

$$\frac{-\hbar^2}{2m^*} \cdot \frac{\partial^2 \Psi(z)}{\partial z^2} + V(z)\Psi(z) = E\Psi(z) \tag{1.2}$$

und erinnern uns nun kurz an die Definition der Ableitung (Abb. 1.1) aus unserer Zeit am Gymnasium oder der HTL (Höhere Technische Lehranstalt). Wenn wir dieses hoffentlich noch vorhandene Wissen auf die ersten und zweiten Ableitungen der Wellenfunktion anwenden, lautet die erste Ableitung mit $\delta = z_{j+1} - z_j$

$$\frac{\partial \Psi}{\partial z} = \frac{\Psi_{j+1} - \Psi_j}{\delta} = \frac{\Delta \Psi_j}{\delta}, \tag{1.3}$$

und die zweite Ableitung

$$\frac{\partial^2 \Psi}{\partial z^2} = \frac{\Delta \Psi_j - \Delta \Psi_{j-1}}{\delta^2} = \frac{\Psi_{j+1} - \Psi_j - \left(\Psi_j - \Psi_{j-1}\right)}{\delta^2}. \tag{1.4}$$

Nachdem wir das zusammengefasst haben, bekommen wir

$$\frac{\partial^2 \Psi}{\partial z^2} = \frac{\Psi_{j+1} - 2\Psi_j + \Psi_{j-1}}{\delta^2}. \tag{1.5}$$

Die diskretisierte Schrödinger-Gleichung lautet damit

$$\frac{-\hbar^2}{2m^*} \left[\frac{\Psi_{j+1} - 2\Psi_j + \Psi_{j-1}}{\delta^2} \right] + v_j \Psi_j = E\Psi_j. \tag{1.6}$$

Mit der Randbedingung $\Psi_0 = \Psi_{N+1} = 0$ kann man das Ganze auf ein Matrixproblem umschreiben. Die einzelnen Elemente der Matrixbeziehung $H\Psi = E\Psi$ lauten

$$H_{j,j} = +\frac{2\hbar^2}{2m^*} \cdot \frac{1}{\delta^2} + V_j \tag{1.7}$$

und

$$H_{j,j+1} = H_{j,j-1} = -\frac{\hbar^2}{2m^*} \cdot \frac{1}{\delta^2}. \tag{1.8}$$

Abb. 1.1 Diskretisierungsschema für einen beliebigen, eindimensionalen Potentialtopf

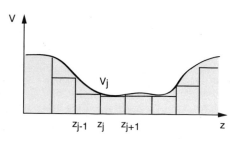

Das ist eine symmetrische Bandmatrix, deren Eigenwerte und Eigenvektoren sehr schnell gefunden werden können. 1000 Stützstellen sind kein Problem. Die Eigenwerte der Matrix sind die gesuchten Energieniveaus, die Eigenvektoren die gesuchten Wellenfunktionen. Zum Thema Rechenzeit gilt übrigens folgende Faustregel: Eine Wellenfunktion, also einen Eigenvektor, zu bestimmen, dauert in etwa so lange, wie alle Eigenwerte zu berechnen:

$$
\begin{pmatrix}
\ddots & \ddots & & 0 & 0 \\
\ddots & \ddots & \ddots & & 0 \\
& H_{j,j-1} & H_{j,j} & H_{j,j+1} & \\
0 & & \ddots & \ddots & \ddots \\
0 & 0 & & \ddots & \ddots
\end{pmatrix}
\cdot
\begin{pmatrix} \Psi_j \end{pmatrix}
= E
\begin{pmatrix} \Psi_j \end{pmatrix}
\tag{1.9}
$$

Mit dieser Methode arbeitet auch das 1-D-Poisson-Solver-Programm von Snider (2001) das bei uns am Institut zur Berechnung von Bandprofilen so gerne verwendet wird, und Abb. 1.2 wurde genau mit diesem Verfahren ausgerechnet. Vorsicht Falle: Natürlich kann man wie oben beschrieben die Energieniveaus in einem beliebigen Potential ausrechnen. Man darf dabei aber nie vergessen, dass durch die Randbedingungen $\Psi_0 = \Psi_{N+1} = 0$ das beliebige Potential am Ende immer durch unendlich hohe Wände begrenzt wird. Dies führt zu zwei unangenehmen Nebeneffekten: Statt oberhalb der Potentialkante ein Kontinuum zu erhalten, bekommt man dort quantisierte Geisterzustände, die es in der Realität nicht gibt, und außerdem wird der Abstand zwischen den Energiezuständen an der Oberkante des Potentials verfälscht. Das Diskretisierungsgebiet muss daher breit genug gewählt werden, damit diese Effekte nahe der Potentialkante erst außerhalb des interessanten Energiebereichs auftreten, und für alle quantisierten Zustände oberhalb der Potentialkante sollten Sie tunlichst die Ghost Busters bemühen.

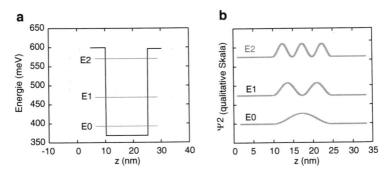

Abb. 1.2 a Lage der Zustände in einem endlich tiefen Potentialtopf mit der Breite $w = 2a = 15$ nm und der effektiven Masse von GaAs ($m^* = 0.067m_0$). Die etwas seltsame Energieskala ist ein Ergebnis des verwendeten Simulators. Die Energiedifferenzen sollten stimmen. **b** Quadrierte Wellenfunktionen in diesem Potentialtopf

Die oben beschriebene Matrixmethode kann übrigens auch für periodische Potentiale und damit auch für das Kronig-Penney-Modell verwendet werden. Die periodischen Randbedingungen lauten

$$\left.\Psi_0\right|_{z=0} = \left.\Psi_N\right|_{z=z_N},\qquad(1.10)$$

$$\left.\frac{\partial\Psi_0}{\partial z}\right|_{z=0} = \left.\frac{\partial\Psi_N}{\partial z}\right|_{z=z_N}.\qquad(1.11)$$

In der Matrixschreibweise lauten die periodischen Randbedingungen nun

$$H_{1,N} = -ikV_N\cdot\frac{\hbar^2}{2m^*}\cdot\frac{1}{\delta^2}\quad H_{N,1} = +ikV_N\cdot\frac{\hbar^2}{2m^*}\cdot\frac{1}{\delta^2}.\qquad(1.12)$$

Das ist jetzt aber keine Bandmatrix mehr, und obendrein ist diese Matrix jetzt komplex, zum Glück zumindest aber hermitesch, was die Numerik deutlich beschleunigt, wenn man die passenden Routinen verwendet. Die Energieeigenwerte müssen jetzt für jeden k-Wert einzeln berechnet werden, und man erhält als Belohnung die $E(k)$-Beziehungen und damit die Bandstruktur.

1.3 Eigenzustände in zwei Dimensionen

Besonders in Quantendrähten, welche durch Nanostrukturierung von HEMTs (High Electron Mobility Transistors) gewonnen wurden, kommt es durchaus vor, dass man das Potential $V(x,z)$ eben nicht als $V(x,z) = V(x) + V(z)$ schreiben kann; man muss also die Schrödinger-Gleichung wirklich in zwei Dimensionen lösen. Die zweidimensionale Schrödinger-Gleichung lautet

$$-\frac{\hbar^2}{2m^*}\left(\frac{\partial^2}{\partial x^2} + \frac{\partial^2}{\partial z^2}\right)\Psi(x,z) + V(x,z)\Psi(x,z) = E\Psi(x,z).\qquad(1.13)$$

Wir diskretisieren die Gleichung wie früher, nur eben jetzt in zwei Dimensionen (siehe Abb. 1.3), und erhalten

$$D_i\Psi = \left(\Psi_{i+1,j} - 2\Psi_{i,j} + \Psi_{i-1,j}\right),\qquad(1.14)$$

$$D_j\Psi = \left(\Psi_{i,j+1} - 2\Psi_{i,j} + \Psi_{i,j-1}\right),\qquad(1.15)$$

$$-\frac{\hbar^2}{2m^*}\left(\frac{D_i\Psi}{\delta_i^2} + \frac{D_j\Psi}{\delta_j^2}\right) + V_{i,j}\Psi_{i,j} = E\Psi_{i,j}.\qquad(1.16)$$

Das Ganze kann man sehr bequem als Bandmatrix hinschreiben, allerdings braucht es vorher noch folgenden Trick mit den Indizes

$$k = (i-1)N_j + j,\qquad(1.17)$$

Abb. 1.3 Diskretisierungsschema
für die Schrödingergleichung
in zwei Dimensionen

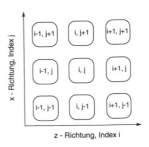

wobei N_j die Anzahl der Diskretisierungspunkte in z-Richtung darstellt. N_i wäre
dann gegebenenfalls die Anzahl der Diskretisierungspunkte in x-Richtung. Für die
diskretisierte Schödinger-Gleichung bekommt man dann

$$-\frac{\hbar^2}{2m^*}\left(\frac{\Psi_{k+N_j} - 2\Psi_k + \Psi_{k-N_j}}{\delta_i^2} + \frac{\Psi_{k-1} - 2\Psi_k + \Psi_{k+1}}{\delta_j^2}\right) + V_k\Psi_k = E_k\Psi_k.$$

(1.18)

In Matrixdarstellung lautet die Hauptdiagonale

$$H_{k,k} = +\frac{\hbar^2}{m^*}\left(\frac{1}{\delta_i^2} + \frac{1}{\delta_j^2}\right) + V_k.$$

(1.19)

Auf den Nebendiagonalen hat man die Elemente

$$H_{k,k-Nj} = H_{k-Nj,k} = -\left(\frac{\hbar^2}{2m^*\delta_i^2}\right)$$

(1.20)

und

$$H_{k,k+1} = H_{k+1,k} = -\left(\frac{\hbar^2}{2m^*\delta_j^2}\right).$$

(1.21)

Jetzt braucht man nur noch einen Matrixsolver für die Eigenwerte, wie z. B. *EISPACK*
oder *LINPACK,* und fertig. Was man dazu aber auch noch braucht, ist ein ziemlich großer Speicher, denn wenn Sie für ein eindimensionales Problem eine Matrix
der Größe 1000×1000 bekommen haben, bekämen Sie in der zweidimensionalen
Version der Berechnung eine Matrix der Größe $10^6 \times 10^6$, für eine dreidimensionale Simulation eine Matrix der Größe $10^9 \times 10^9$, und das ist absolut nicht mehr
machbar, für so etwas braucht es andere Methoden. Wie früher gilt: Eigenwerte
bekommt man schnell, die Eigenvektoren dauern lange. Machen wir nun zur Ent-
spannung eine kleine Zeitreise zurück ins Jahr 1991. Stellen Sie sich vor, Sie sind ein
junger Doktorand an der TU-München, haben eine zweidimensionale Schrödinger-
Gleichung am Hals, und alle erzählen Ihnen, dass Sie die Finger davon lassen sollen.
Wie reagieren Sie? Ich nehme an, Sie ignorieren das ganze Gesülze und sehen die
zweidimensionale Schrödinger-Gleichung als sportliche Herausforderung an, denn

es geht ja nicht nur um die simple zweidimensionale Schrödinger-Gleichung, sondern gleich um die selbstkonsistente Variante davon, weil Sie ja den Einfluss der Elektronenkonzentration auf die Potentialform im Quantendraht mitnehmen wollen. Nach drei Monaten Herumprogrammierens ist klar: Das Diskretisierungsgebiet für die Schrödinger-Gleichung sollte doch deutlich kleiner sein, als das für die Poisson-Gleichung, denn sonst platzt der Speicher des Mainframe-Computers. Alle Testläufe Ihres Programms verlaufen vielversprechend, aber etwas mehr räumliche Auflösung könnte nicht schaden. Sie erhöhen die Auflösung um einen Faktor fünf und stellen fest: Der zentrale Mainframe-Computer des Rechenzentrums ist völlig ausgelastet, und hat auch nicht wirklich genügend Speicher. Als Folge davon dauert ein Programmdurchlauf, wegen der durch die große Menge anderer User verursachten Wartezeiten, wirklich und ungelogen eine ganze Woche. Zur Erinnerung: wir schreiben das Jahr 1991 und die Rechenleistung auf einem großen Mainframe-Computer lag im Bereich von 100 Megaflops mit 16 Bit. Fünf Minuten (300 s) Rechenzeit pro Tag auf so einem Mainframe waren der absolute Luxus, und für erweiterte Ressourcen wurden Straßenkämpfe ausgetragen. So eine Situation ist natürlich absolut unerträglich für den wissenschaftlichen Fortschritt, und für einen engagierten Jungwissenschaftler mit Ehre eine persönliche Beleidigung. Aber halt, da war doch was: Hatte da nicht vor kurzem irgendwer irgendetwas über einen computerisierten Kachelofen namens CRAY-Y-MP (Abb. 1.4) erzählt, der angeblich zu Rechenleistungen jenseits aller Vorstellungskraft in der Lage ist und an den man angeblich nicht herankommt? Eine kurze telefonische Recherche ergibt: Die TU-München hat so ein Teil. Weiteres Nachfragen ergibt: Das Ding ist echt cool, weil ein Vektorrechner (das kannte damals niemand) mit passender Software und damit in Summe 36 mal schneller als der normale Mainframe Computer. Das waren natürlich neue Perspektiven für das Problem mit der zweidimensionalen Schrödinger-Gleichung. Also her mit der Zugangsberechtigung, natürlich inklusive der Berechtigung für einen kurzen Powernap auf der Ofenbank des Rechners für die Dauer des Programmdurchlaufs (Details zum Y-MP-Kachelofen inklusive Bilder bitte auf Wikipedia nachlesen!). Das passende Formular wird organisiert, furchtlos ausgefüllt und eingeschickt, und zurück kam die Meldung: So geht das nicht, da könnte ja jeder kommen. Es fallen plötzlich Wörter wie ,Supercomputer', ,Sicherheitsüberprüfung durch den Verfassungsschutz' und andere Unfreundlichkeiten, und ich wurde spontan verdächtigt, irgendwelche mili-

Abb. 1.4 Eine CRAY-Y-MP mit ihrer Ofenbank. Das Bild stammt vom National Energy Research Supercomputer Center (NERSC), California, USA. Ich hoffe, die lieben Kollegen werden sich freuen, ihren Dinosaurier-Computer hier in diesem Buch zu finden. Danke!

tärischen Ferkeleien im Sinn zu haben. Dennoch bekam ich, Wunder, oh Wunder, als Ösi mit preußischem Dialekt in Bayern, tatsächlich Zugang zu diesem Ding (Die Bayern sind echt tolerante Menschen, wirklich, und nach all den Jahren nochmals ein herzliches Dankeschön an das Leibniz Rechenzentrum [LRZ], in München!).

Also gut: Man nimmt das Programm, erhöht die Ortsauflösung, und stopft es am Morgen in die CRAY. Am Nachmittag ist die Rechnung fertig und man freut sich über das Ergebnis, aber nicht lange. Das Telefon klingelt (ja, es klingelte und es machte noch nicht Düldeldüt!), und ich konnte mir anhören: ‚Dein Programm braucht am Mainframe ca. 300 s und wir haben dir, weil die CRAY ja 36 mal schneller ist, 10 s Rechenzeit pro Tag reserviert, und ich erinnere Dich daran, das bekommt nicht jeder! Du hast aber gerade 10,000 s verbraucht, gibt es dafür vielleicht irgendeine Erklärung?' Jetzt hieß es: Cool und höflich bleiben also (mit aufrichtigem Schuld-bewustsein in der Stimme): ‚Liebes LRZ, es tut mir wirklich schrecklich leid; ich hätte niemals erwartet, dass das so lange rechnet, aber ich brauchte das einfach, und ich wollte den normalen Mainframe Computer nicht komplett damit verstopfen. Könnte ich also vielleicht doch ein 10,000 s Limit zu diesem Zweck bekommen, das wäre wirklich von allgemeinem Vorteil? In spätestens drei Monaten bin ich mit diesen Rechnungen fertig, und dann seid ihr mich los. Äh, und wie konnte ich eigentlich 10,000 s verbrauchen, obwohl mein Limit nur auf 10 s steht?' Antwort: Ök, ok, 10,000 s pro Tag für drei Monate, aber keine Sekunde länger, ist das klar? Und wehe, Du redest darüber!' ‚Nein, nein, das mache ich nicht, hoch und heilig versprochen.' Das war doch echt zuvorkommend vom LRZ, nicht wahr? In Nach-hinein frage ich mich wirklich, wie viele Leute außer mir diese Ressourcen hatten.

Abb. 1.5 a
Potentiallandschaft eines Quantendrahts, welcher durch Strukturierung eines GaAs-AlGaAs-HEMT hergestellt wurde. Die 1-D-Elektronen sind am Boden der Senke. **b** Schnitt durch ein zweidimensionales Quantendrahtpotential mit den Energiezuständen und ein Schnitt durch die zugehörigen Wellenfunktionen. Weiter unten im Topf gibt es keine Zustände, da die Nullpunktsenergie durch die Quantisierung in z-Richtung bestimmt wird! (Smoliner und Ploner 1989)

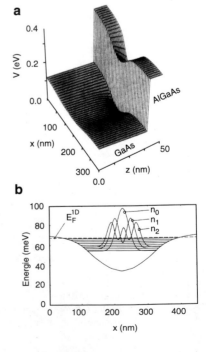

Viele können es nicht gewesen sein, denn die zur Verfügung gestellte Rechenleistung war zu damaliger Zeit wirklich enorm. Dennoch: Um eine dreidimensionale Schrödinger-Gleichung mit der oben beschriebenen Methode zu lösen, hätte das bei Weitem noch immer nicht gereicht.

Hausaufgaben am Ende dieses Kapitels: Suchen Sie sich ein sinnvolles(!) Halbleiterproblem und schaffen Sie es, damit $10{,}000/86{,}400 = 11.5\%$ pro Tag der gesamten Rechenleistung eines gängigen Supercomputers zu verbraten. Meditieren Sie auch etwas über Abb. 1.5. Haben Sie wirklich verstanden, warum diese Potentiallandschaft so aussieht, wie sie aussieht, und wo die Elektronen sind?

1.4 Numerische Berechnung von Transmissionskoeffizienten

Neben Energieeigenwerten und Wellenfunktionen können auch Transmissionskoeffizienten für beliebige Barrieren mit einem Matrixverfahren effizient berechnet werden. Auch hier erweitern wir nicht einfach die Vorgehensweise von der Einzelbarriere auf größere Systeme, da dies nur unnötig viel Rechenzeit benötigt. Mit einem guten Trick, dem Transfer-Matrix-Formalismus (Kane 1969; Ricco und Azbel 1970), manchmal auch Transfer-Matrix-Methode (TMM) genannt, kann man sich aber das große Gleichungssystem und auch die Berechnung der Determinante der Matrix sparen. Sehen wir uns das also etwas genauer an.

Wir nähern wieder eine beliebige Barriere durch stückweise konstante Potentiale an. Die Wellenfunktionen auf den Teilstücken schreiben wir aber jetzt ein wenig anders als früher, nämlich als

$$u_j = A_j\, e^{ik_j(z-z_{j-1})}, \quad v_j = B_j\, e^{-ik_j(z-z_{j-1})}. \tag{1.22}$$

Wichtiger Hinweis: Die Indizes sind hier korrekt, und wir nehmen ausnahmsweise $u_j = A_j\, e^{ik_j(z-z_{j-1})}$ und eben nicht(!) $u_j = A_j\, e^{ik_j(z-z_j)}$. Das liegt an meiner Indexkonvention (siehe Gl. 1.26 und auch Abb. 1.6), welche direkt aus meinem funktionierenden *FORTRAN* Quellcode stammt. Die Anschlussbedingungen für unsere Wellenfunktionen lauten wenig erstaunlich und ganz wie immer

$$u_j + v_j = u_{j+1} + v_{j+1}, \tag{1.23}$$

$$\frac{ik_j}{m_j^*}u_j - \frac{ik_j}{m_j^*}v_j = \frac{ik_{j+1}}{m_{j+1}^*}u_{j+1} - \frac{ik_{j+1}}{m_{j+1}^*}v_{j+1}. \tag{1.24}$$

Hinweis: Bei dieser Methode darf sich die effektive Masse der Elektronen durchaus von Ort zu Ort ändern. Dies ist z. B. bei Heterostrukturen der Fall, und deswegen steht in der obigen Formel m_j^* und nicht nur m^*. Jetzt greift man zu einem weiteren, geradezu nobelpreiswürdigen Trick, und schreibt die Anschlussbedingungen in Matrixform. Man muss erst einmal erkennen, dass man das so machen kann, ich hätte das nicht gesehen. Details dazu gibt es weiter unten. Den Transmissionskoeffizienten, der wie früher das Verhältnis zwischen dem auslaufenden und einfallenden

Abb. 1.6 Diskretisierungsschema
für eine beliebige
Potentialbarriere

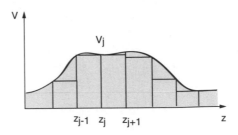

Teilchenstrom darstellt, bekommt man dann als Produkt aus einer Reihe von 2×2-Matrizen

$$T(E) = \frac{k_n}{k_0} \frac{m_0^*}{m_n^*} \frac{1}{|M_{11}|^2}, \quad M = \prod_j M^j. \tag{1.25}$$

Gehen wir jetzt mehr ins Detail. In Abb. 1.6 sieht man das Schema der Diskretisierung. Die Stelle z_j liegt in der Mitte, links davon ist das Gebiet mit der Wellenfunktion $u_j(z_j)$, rechts davon ist das Gebiet mit der Wellenfunktion $u_{j+1}(z_j)$. Wir schauen jetzt mal, wie wir von hinten die Wellenfunktion $u_j(z_j)$ aus der Wellenfunktion $u_{j+1}(z_{j+1})$ bekommen. Hinweis: Man könnte auch vorwärtsrechnen, aber die Rückwärtsvariante ist die, die man üblicherweise in irgendwelchen Büchern findet. Machen wir es also genauso, das erleichtert den Vergleich mit der Literatur:

$$
\left|
\begin{array}{ccc}
& \text{Gebiet } j & \left| \quad \text{Gebiet } j+1 \right. \\
& & u_{j+1}(z_{j+1}) \\
& u_j(z_j) \quad \left| \quad u_{j+1}(z_j) \right. & \\
u_{j-1}(z_{j-1}) & & \\
z_{j-1} & z_j & z_{j+1}
\end{array}
\right| \tag{1.26}
$$

Von der Stützstelle z_{j+1} kommt man mit folgender Matrixoperation rückwärts zur Stützstelle z_j

$$\begin{pmatrix} u_{j+1}(z_j) \\ v_{j+1}(z_j) \end{pmatrix} = N^j \cdot \begin{pmatrix} u_{j+1}(z_{j+1}) \\ v_{j+1}(z_{j+1}) \end{pmatrix}, \tag{1.27}$$

$$N^j = \begin{pmatrix} e^{-ik_{j+1}\Delta z_{j+1}} & 0 \\ 0 & e^{+ik_{j+1}\Delta z_{j+1}} \end{pmatrix}, \tag{1.28}$$

wobei $\Delta z_{j+1} = z_{j+1} - z_j$. Nun wechseln wir die Seiten der Grenzlinie zwischen zwei Gebieten. Von den Wellenfunktionen u_{j+1} und v_{j+1} an der Stelle z_j kommt man zu den Wellenfunktionen u_j und v_j mit

$$\begin{pmatrix} u_j(z_j) \\ v_j(z_j) \end{pmatrix} = M^j \cdot \begin{pmatrix} u_{j+1}(z_j) \\ v_{j+1}(z_j) \end{pmatrix}, \tag{1.29}$$

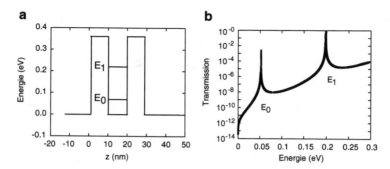

Abb. 1.7 a Potentialverlauf einer Doppelbarrierenstruktur, auch resonante Tunneldiode genannt (Resonant Tunneling Diode, RTD). **b** Transmission der Doppelbarrierenstruktur als Funktion der Elektronenenergie

$$M^j = \frac{1}{2}\begin{pmatrix} 1 + \frac{k_{j+1}m_j^*}{k_j m_{j+1}^*} & 1 - \frac{k_{j+1}m_j^*}{k_j m_{j+1}^*} \\ 1 - \frac{k_{j+1}m_j^*}{k_j m_{j+1}^*} & 1 + \frac{k_{j+1}m_j^*}{k_j m_{j+1}^*} \end{pmatrix}. \tag{1.30}$$

Die Gesamtoperation bekommt man aus der Multiplikation der beiden Matrizen

$$\begin{pmatrix} u_j(z_j) \\ v_j(z_j) \end{pmatrix} = M^j \cdot N^j \begin{pmatrix} u_{j+1}(z_{j+1}) \\ v_{j+1}(z_{j+1}) \end{pmatrix}, \tag{1.31}$$

$$M^j = M^j \cdot N^j = \frac{1}{2}\begin{pmatrix} e^{-ik_{j+1}\Delta z_{j+1}}\left(1 + \frac{k_{j+1}m_j^*}{k_j m_{j+1}^*}\right) & e^{+ik_{j+1}\Delta z_{j+1}}\left(1 - \frac{k_{j+1}m_j^*}{k_j m_{j+1}^*}\right) \\ e^{-ik_{j+1}\Delta z_{j+1}}\left(1 - \frac{k_{j+1}m_j^*}{k_j m_{j+1}^*}\right) & e^{+ik_{j+1}\Delta z_{j+1}}\left(1 + \frac{k_{j+1}m_j^*}{k_j m_{j+1}^*}\right) \end{pmatrix}. \tag{1.32}$$

Eingesetzt in Gl. 1.25 erhält man dann den Transmissionskoeffizienten. Als Beispiel sieht man in Abb. 1.7 die berechnete Transmission einer resonanten Tunneldiode, sogar inklusive der Wellenfunktionen an der Resonanzposition. Mehr dazu im nächsten Abschnitt.

1.5 Der Transfer-Matrix-Formalismus und Wellenfunktionen

Hat man den Transmissionskoeffizienten einer Tunnelstruktur berechnet, liefert die Transfer-Matrix-Methode die Wellenfunktionen fast gratis mit. Man benötigt dazu nur die Beziehung, dass die Summe aus Transmissionskoeffizient und Reflexionskoeffizient immer eins (1.0) sein muss:

$$T(E) + R(E) = 1 \tag{1.33}$$

Alle Matrizen $\mathcal{M}^{(j)}$ hat man ja sowieso irgendwo in seinem Programm zur Verfügung. Die Wellenfunktion gewinnt man dann durch sukzessives Multiplizieren der auslaufenden Wellenfunktion von hinten(!) mit der Kette der Matrizen $\mathcal{M}^{(j)}$. Wir berechnen also z. B. für 18 Stützstellen

$$\begin{pmatrix} u_{j-1}(z_{j-1}) \\ v_{j-1}(z_{j-1}) \end{pmatrix} = \mathcal{M}^n \begin{pmatrix} u_j(z_j) \\ v_j(z_j) \end{pmatrix} \tag{1.34}$$

$$\begin{pmatrix} u_{j-18}(z_{j-18}) \\ v_{j-18}(z_{j-18}) \end{pmatrix} = \mathcal{M}^{j-17} \mathcal{M}^{j-16} \mathcal{M}^{j-15} ..... \mathcal{M}^j \begin{pmatrix} u_j(z_j) \\ v_j(z_j) \end{pmatrix}$$

und so weiter, bis man alle Matrizen durchmultipliziert hat. Jetzt bleibt nur noch die Frage, was wir für die auslaufende Welle ansetzen. Das ist etwas trickreich, man darf nämlich nicht, wie man aufgrund des analytischen Vorgehens bei der Einfachbarriere meint (n: Anzahl der Stützstellen),

$$\begin{pmatrix} u_n(z_n) \\ v_n(z_n) \end{pmatrix} = \begin{pmatrix} u_n(z_n) \\ 0 \end{pmatrix} = \sqrt{T(E)\frac{k_0 m_n^*}{k_n m_0^*}} \begin{pmatrix} u_1(z_1) \\ 0 \end{pmatrix} \tag{1.35}$$

ansetzen, sondern muss folgenden Ansatz

$$\begin{pmatrix} u_n(z_n) \\ v_n(z_n) \end{pmatrix} = \sqrt{T(E)\frac{k_0 m_n^*}{k_n m_0^*}} \begin{pmatrix} u_1(z_1) \\ v_1(z_1) \end{pmatrix} \tag{1.36}$$

verwenden. Warum? Zwischen der analytischen Vorgangsweise und der Transfer-Matrix-Methode gibt es einen kleinen, gut getarnten Unterschied. Beim analytischen Ansatz für die Einfachbarriere werden eine einlaufende Welle, eine auslaufende Welle und eine reflektierte Welle angenommen. Bei der TMM ist das gerade nicht der Fall, hier arbeitet man mit stehenden Wellen. Fordert man bei der TMM, dass aus dem Unendlichen keine Welle mehr zurückkommt, bekommt man aber eine laufende Welle, also keine stationäre Lösung, und dann darf man sich auch nicht wundern, dass die berechneten Wellenfunktionen höchst seltsam aussehen. Für die Transmission ist es völlig egal, ob man eine stationäre oder laufende Welle betrachtet, nur für die Wellenfunktionen eben absolut nicht. Plottet man nun die so errechneten Quadrate der Wellenfunktionen, gibt es noch eine Überraschung: Die maximale Amplitude von Ψ^2 ist nämlich 4 und nicht 1. Ein kurzes Nachdenken sollte liefern, dass das auch so sein muss, denn die Wellenfunktionen sind eben kein klassischer Sinus, der ja noch einen Faktor $1/2$ enthält:

$$sin(z) = \frac{e^{iz} - e^{-iz}}{2i} \tag{1.37}$$

Als Beispiel dafür, dass die Sache auch gut funktioniert, sieht man in Abb. 1.8 die Wellenfunktionen in einer resonanten Tunneldiode bei angelegter Spannung. Nur in der Nähe der Resonanzspannung bekommt die Wellenfunktion in der Tunneldiode eine nennenswerte Amplitude, ansonsten ist sie extrem klein.

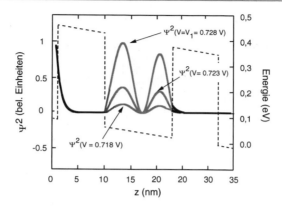

Abb. 1.8 Wellenfunktionen in einer resonanten InGaAs-GaAlSbTunneldiode (siehe auch Kap. 3) im Bereich der Resonanzspannung $V_1 = 0.728\,V$. Die Einschussenergie der Elektronen wurde konstant gehalten, das Potential durch eine externe Spannung V variiert. Der Nullpunkt der Energieskala ist willkürlich gewählt

1.6 $k_\parallel$ kann garstig sein: Brechung mit Elektronen

Wir betrachten nun den Elektronentransport für eine Situation, bei der sich an einer Grenzfläche die effektive Masse der Elektronen ändert. Das hat man entweder in Heterostrukturen aus Materialien mit stark unterschiedlicher Masse oder, noch viel krasser, in der Ballistic Electron Emission Microscopy (BEEM). Ein typisches BEEM-Experiment sieht man in Abb. 1.9, welches folgendermaßen funktioniert: Als Probe wird ein sehr dünner Goldfilm verwendet ($d = 8\,nm$), welcher auf einen Halbleiter (GaAs) aufgedampft wurde. Goldfilm und Halbleiter bilden eine Schottky-Diode, welche an einen empfindlichen Strom-Spannungswandler angeschlossen ist. Von einem Tunnelmikroskop aus lässt man nun bei unterschiedlichen Spannungen einen Tunnelstrom in den Goldfilm fließen. Ist die Spannung groß genug, können ballistische Elektronen ohne Streuung durch den Goldfilm ($m = m_0$) in den Halbleiter gelangen ($m^* = 0.067m_0$), und man bekommt eine Kennlinie, wie sie in in Abb. 1.9b dargestellt ist. Weil der Impuls der Elektronen parallel zu den Schichten der Probe beim Transport erhalten bleibt, hat man es, wie in der Optik, wo Licht in ein Medium mit anderem Brechungsindex wechselt, mit Brechungseffekten zu tun (Abb. 1.10). Frage: Kann man das ignorieren? Antwort: So lange $k_\parallel \ll k_\perp$ gilt, ja, sonst nicht. Besonders bei der Berechnung von Tunnelströmen kann man sich dann grobe Fehler einhandeln.

Sehen wir uns das wieder etwas genauer an und betrachten dazu zuerst die Parallelkomponente der Energie

$$E_{xy}(z) = E\left(k_{xy}\right) = \frac{\hbar^2 k_{xy}^2}{2m(z)} = \frac{\hbar^2}{2m(z)}\left(k_x^2 + k_y^2\right),\qquad(1.38)$$

wobei $m(z)$ die Masse der Elektronen ist, die aber jetzt von z abhängt, womit aber auch E_{xy} von z abhängt. Zur Vermeidung von unnötiger Verwirrung schadet es

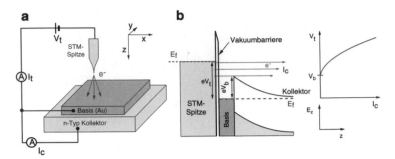

Abb. 1.9 a Schematischer Aufbau eines BEEM-Experiments mit Au auf GaAs. **b** Zugehöriges Bandschema und Kennlinie des Kollektorstromes in Abhängigkeit von der Spannung an der STM-Spitze (Rakoczy 2004)

Abb. 1.10 a Brechung von Elektronen: Beim Übergang von Au ins GaAs gewinnt das Elektron Geschwindigkeit parallel zur Grenzfläche. Senkrecht zur Grenzfläche sinkt die Geschwindigkeit. **b** Totalreflexion (Rakoczy 2004)

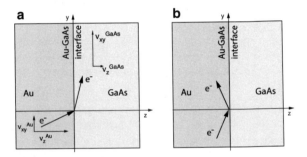

jetzt nicht, irgendeinen willkürlichen Energienullpunkt E_0 zu wählen. Das Fermi-Niveau im Goldfilm oder das Fermi-Niveau in der Probe ohne angelegte Spannung $E_0 = E_F|_{V=0} = E_F^{Au} = E_F^{GaAs}$ sind da eine ganz gute Wahl. Mit der Erhaltung des Parallelimpulses an der Au-GaAs-Grenzfläche bekommt man dann (m_0 ist die Masse der Elektronen im Gold)

$$E_{xy}^{GaAs} = E_{xy}^{Au} \frac{m_0}{m^*}. \qquad (1.39)$$

Die Gesamtenergie E muss natürlich auch erhalten bleiben, es gilt also

$$E = \frac{\hbar^2 k^2}{2m(z)} + E_{pot}(z) = \frac{\hbar^2}{2m(z)}\left(k_x^2 + k_y^2 + k_z^2\right) + E_{pot}(z) = E_{xy} + E_z + E_{pot}(z). \qquad (1.40)$$

$E_{pot}(z)$ ist irgendeine allfällige potentielle Energie, wie z. B. die Barrierenhöhe ($E_b = eV_b$) an der Gold-GaAs-Grenzfläche. Damit bekommt man für die Energiekomponente in z-Richtung, also senkrecht zu den Schichten im GaAs

$$E_z^{GaAs} = E - E_{xy}^{GaAs} - E_b = E_0 + E_z^{Au} + E_{xy}^{Au} - E_{xy}^{Au}\frac{m_0}{m^*} - E_b \qquad (1.41)$$

Sehen wir uns nun den Grenzwinkel der Totalreflexion an. Zuerst berechnen wir k_z:

$$k_z^{Au} = \sqrt{\frac{2m_0}{\hbar^2}(E - E_0) - k_{xy}^2} \tag{1.42}$$

$$k_z^{GaAs} = \sqrt{\frac{2m^*}{\hbar^2}(E - E_b) - k_{xy}^2} \tag{1.43}$$

Der Term unter der Wurzel darf aber nicht negativ werden, also muss die Beziehung

$$k_{xy}^2 \leq \frac{2m^*}{\hbar^2}(E - E_b) \tag{1.44}$$

erfüllt werden. Der Winkel zwischen der z-Achse und dem k-Vektor des Elektrons ist dann ganz einfach

$$\sin(\theta_{Au}) = \frac{k_{xy}}{|k|}, \quad |k| = \sqrt{\frac{2m_0(E - E_0)}{\hbar^2}}. \tag{1.45}$$

Die Kombination von Gl. 1.44 und 1.45 liefert dann den kritischen Winkel für die Totalreflexion

$$\sin^2(\theta_{crit}) = \frac{m^*}{m_0}\frac{E - E_b}{E - E_0}. \tag{1.46}$$

Die Grenzfläche dürfen dann nur diejenigen Elektronen überqueren, deren Einfallswinkel unter dem Grenzwinkel liegt:

$$\sin(\theta_{Au}) \leq \sin(\theta_{crit}) \tag{1.47}$$

Weil man das später noch brauchen wird, rechnen wir den Grenzwinkel auf die Komponente der Energie des Elektrons parallel zur Grenzfläche um. Wir nehmen die Beziehung $E_{xy}^{Au} = \frac{\hbar^2 k_{xy}^2}{2m_0}$, setzen diese in die Formel $E = E_{xy}^{Au} + E_z^{Au} + E_0$ ein, und ersetzen noch E_b durch die Barrierenhöhe, und wir bekommen mit $E_b = eV_b$

$$E_{xy}^{Au} \leq \frac{m^*}{m_0}\left(E_{xy}^{Au} + E_z^{Au} + E_0 - eV_b - E_0\right), \tag{1.48}$$

Jetzt schaffen wir noch die E_{xy}^{Au} auf die linke Seite und erhalten schließlich für die Bedingung der Totalreflexion:

$$E_{xy}^{Au} \leq \frac{m^*}{m_0 - m^*}\left(E_z^{Au} - eV_b\right) \tag{1.49}$$

1.7   Der Transfer-Matrix-Formalismus mit Brechung

Nach den obigen Betrachtungen kann man jetzt die Transfer-Matrix-Methode mit
relativ wenig Mühe um diese Brechungseffekte erweitern, man muss nur die Massen
richtig berücksichtigen. Das Potential wird wie üblich diskretisiert,

$$V(z) = \sum_{j=0}^{n-1} V_j, \qquad (1.50)$$

wobei in den Bereichen $z_{j-1} < z < z_j$ für das Potential $V = const.$ gesetzt wird,
überall sonst ist $V = 0$. Die Schrödinger-Gleichung lautet wie früher

$$\left[-\frac{\hbar^2}{2m_j^*} \frac{d^2}{dz^2} + V_j - E_z \right] \psi(z) = 0. \qquad (1.51)$$

Die Wellenfunktionen auf dem jeweiligen Teilstück schreiben sich dann mit der
Masse m_j^* im Intervall $[z_{j-1}, z_j]$ als

$$\psi_j(z) = A_j e^{ik_j(z-z_{j-1})} + B_j e^{-ik_j(z-z_{j-1})} \qquad (1.52)$$

mit

$$k_j = \sqrt{\frac{2m_j^*(E_z - V_j)}{\hbar^2}}. \qquad (1.53)$$

Die Anpassbedingungen zwischen den benachbarten Teilstücken j und $j+1$ lauten
bei $z = z_j$

$$\psi_j(z_j) = \psi_{j+1}(z_j) \qquad (1.54)$$

und

$$\frac{1}{m_j^*} \frac{\partial \psi_j(z)}{\partial z}\bigg|_{z=z_j} = \frac{1}{m_{j+1}^*} \frac{\partial \psi_{j+1}(z)}{\partial z}\bigg|_{z=z_j}. \qquad (1.55)$$

Wir benutzen wieder die gleichen Abkürzungen wie früher:

$$u_j(z) = A_j e^{+ik_j(z-z_{j-1})} \quad \text{und} \quad v_j(z) = B_j e^{-ik_j(z-z_{j-1})} \qquad (1.56)$$

Einsetzen in die Anpassbedingungen liefert

$$u_j(z_j) + v_j(z_j) = u_{j+1}(z_j) + v_{j+1}(z_j), \qquad (1.57)$$

$$\frac{ik_j}{m_j^*} u_j(z_j) - \frac{ik_j}{m_j^*} v_j(z_j) = \frac{ik_{j+1}}{m_{j+1}^*} v_{j+1}(z_j) - \frac{ik_{j+1}}{m_{j+1}^*} v_{j+1}(z_j). \qquad (1.58)$$

Jetzt kommt die Geschichte mit der Brechung, die dann entscheidend wird, wenn $E_{xy} > 0$ oder besser $k_{xy} > 0$ ist. Zum besseren Verständnis teilen wir die Gesamtenergie E auf in eine vertikale Komponente E_z und eine Komponente parallel zur Grenzfläche, E_{xy}. Die Gesamtenergie ist dann $E = E_{xy} + E_z$, wobei k_{xy} immer erhalten bleibt, nicht aber E_{xy}. Wir berechnen E_{xy} in den Gebieten (j) und $(j + 1)$ und bekommen

$$E_{xy,j} = \frac{\hbar^2 k_{xy}^2}{2m_j^*}, \tag{1.59}$$

$$E_{xy,j+1} = \frac{\hbar^2 k_{xy}^2}{2m_{j+1}^*}. \tag{1.60}$$

Nachdem die Gesamtenergie erhalten bleibt, ist E_z in den Regionen (j) und $(j + 1)$ nicht mehr gleich. Die Beziehung zwischen $E_{z,j+1}$ und $E_{z,j}$ ist durch

$$E_{z,j+1} = E_{z,j} + (V_j - V_{j+1}) + (E_{xy,j} - E_{xy,j+1}) \tag{1.61}$$

gegeben. Aus Gl. 1.61, bekommt man die Beziehung zwischen k_j und k_{j+1} für endliche Werte von k_{xy}:

$$k_j = \sqrt{\frac{2m_j^*(E_{z,j} - V_j)}{\hbar^2}} \tag{1.62}$$

$$k_{j+1} = \sqrt{\frac{2m_{j+1}^*(E_{z,j+1} - V_{j+1})}{\hbar^2}} \tag{1.63}$$

Mit diesen Beziehungen zwischen k_j und k_{j+1} kann man nun auch für endlichen Parallelimpuls Gl. 1.58 wie früher in Matrixform schreiben,

$$\begin{pmatrix} u_j(z_j) \\ v_j(z_j) \end{pmatrix} = \mathbf{M}^{(j)} \begin{pmatrix} u_{j+1}(z_j) \\ v_{j+1}(z_j) \end{pmatrix}, \tag{1.64}$$

wobei

$$\mathbf{M}^{(j)} = \frac{1}{2} \begin{pmatrix} 1 + \frac{k_{j+1}m_j^*}{k_j m_{j+1}^*} & 1 - \frac{k_{j+1}m_j^*}{k_j m_{j+1}^*} \\ 1 - \frac{k_{j+1}m_j^*}{k_j m_{j+1}^*} & 1 + \frac{k_{j+1}m_j^*}{k_j m_{j+1}^*} \end{pmatrix}. \tag{1.65}$$

Die Wellenfunktionen an den Grenzflächen lauten

$$\begin{pmatrix} u_j(z_j) \\ v_j(z_j) \end{pmatrix} = \mathbf{N}^{(j+1)} \begin{pmatrix} u_j(z_{j+1}) \\ v_j(z_{j+1}) \end{pmatrix}, \tag{1.66}$$

wobei

$$\mathbf{N}^{(j+1)} = \begin{pmatrix} e^{-ik_{j+1}\Delta z_{j+1}} & 0 \\ 0 & e^{ik_{j+1}\Delta z_{j+1}} \end{pmatrix}. \tag{1.67}$$

Für die ganze Kette der Diskretisierungsgebiete bekommen wir

$$\begin{pmatrix} u_0(z_0) \\ v_0(z_0) \end{pmatrix} = \mathcal{M} \begin{pmatrix} u_n(z_n) \\ v_n(z_n) \end{pmatrix}, \tag{1.68}$$

wobei $\mathcal{M}$ das Produkt aus allen Matrizen $\mathbf{M}^{(j)}$ und $\mathbf{N}^{(j+1)}$ ist:

$$\mathcal{M} = \mathbf{M}^{(0)} \cdot \mathbf{N}^{(1)} \cdots \mathbf{M}^{(n-1)} \cdot \mathbf{N}^{(n)} \tag{1.69}$$

Um die globale Transmission zu bekommen, geht man genauso vor wie früher, und man bekommt

$$T(E) = \frac{|k_n|}{|k_0|} \frac{m_0^*}{m_n^*} \frac{|A_n|^2}{|A_0|^2} = \frac{|k_n|}{|k_0|} \frac{m_0^*}{m_n^*} \frac{1}{|M_{11}|^2}. \tag{1.70}$$

Wichtig: Man beachte, dass durch die Brechungseffekte die Teilchenströme nicht mehr senkrecht zu den Schichten fließen. Aus diesem Grund muss in der Formel für die Transmission (Gl. 1.70), das Verhältnis der Absolutwerte der k-Vektoren $|k| = \sqrt{k_z^2 + k_{xy}^2}$, verwendet werden und eben nicht nur das Verhältnis der entsprechenden k_z-Werte.

Ein Hinweis zum Schluss: Nach obiger Methode bekommt man die einfallende Wellenfunktion von hinten aus der transmittierten Wellenfunktion. Das sieht seltsam aus, hat aber einen guten Grund. Schreibt man das Ganze in umgekehrter Richtung auf, erhält man für die Transmission einen komplizierteren Ausdruck, in dem alle Elemente der Matrix M auftauchen. Hausaufgabe: Nachrechnen!

1.8   Anwendung: Tunnelströme

Zuerst eine wichtige Vorbemerkung: Im Folgenden wird hier, wie auch in praktisch allen anderen Büchern zu diesem Thema, gerne von Tunnelströmen geredet. Das ist aber eine schlampige Formulierung, die sich einfach eingebürgert hat, denn in Wahrheit handelt es sich nicht um die Tunnelströme, sondern um die Tunnelstromdichten. Zum Beweis einfach die Einheiten überprüfen.

Zur Berechnung eines Tunnelstromes (also der Tunnelstromdichte) in der planaren Tunneltheorie geht man von der wohlbekannten Formel

$$j_k = 2ev_k n \tag{1.71}$$

aus, wobei n die Dichte der Elektronen ist, die durch die Struktur hindurch getunnelt sind. v_k ist die Geschwindigkeit, mit der die Elektronen aus der Barriere austreten. Der Faktor 2 kommt vom Spin. Die Geschwindigkeit ist wie immer die Ableitung der Bandstruktur. Bei einem parabolischem Band bekommt man also

$$v_k = \frac{1}{\hbar} \frac{dE}{dk} = \frac{\hbar k}{m^*}. \tag{1.72}$$

Jetzt brauchen wir diese Dichte der Elektronen, die durch die Struktur hindurch getunnelt sind, und das ist ganz einfach die Dichte der Elektronen ($n_{k_\perp}$) mit dem Wellenvektor $k_\perp$, multipliziert mit dem Transmissionskoeffizienten, der hoffentlich auch nur von $k_\perp$ abhängt, was aber, wie wir gesehen haben, manchmal leider nicht der Fall ist. In Formeln ausgedrückt:

$$j_{k_\perp} = 2en_{k_\perp}T(k_\perp)\frac{\hbar k_\perp}{m^*} \tag{1.73}$$

Mit der eindimensionalen Zustandsdichte (siehe Band I dieses Buches)

$$n_{k_\perp} = \frac{L}{2\pi}dk_\perp, \tag{1.74}$$

oder, noch besser, gleich mit der Zustandsdichte pro Einheitslänge

$$\frac{n_{k_\perp}}{L} = \frac{1}{2\pi}dk_\perp \tag{1.75}$$

bekommt man schließlich

$$j_{k_\perp} = \frac{1}{2\pi}\int_0^{k_F} 2eT(k_\perp)\frac{\hbar k_\perp}{m^*}dk_\perp. \tag{1.76}$$

Wir nehmen jetzt an, dass die Startelektrode und die Zielelektrode Metalle, also dreidimensionale Elektroden, sind. Damit haben wir alle möglichen $k_\perp$-Werte, und wir müssen nun die dreidimensionale Zustandsdichte verwenden. Die obige Formel ändert sich damit zu

$$j = \frac{1}{(2\pi)^3}\int_0^{k_F} 2eT(k_\perp)\frac{\hbar k_\perp}{m^*}d^3k. \tag{1.77}$$

Dann berücksichtigen wir die Besetzungen im Ausgangs- und Endzustand mit den jeweiligen Fermi-Niveaus $E_{F_{Initial}}$ und $E_{F_{final}}$ und vergessen auch nicht, dass es Vorwärts- und Rückwärtstunneln geben kann, und erhalten

$$j = \frac{2e}{(2\pi)^3}\int_0^{k_F} T(k_\perp)\frac{\hbar k_\perp}{m^*}\left(f(E - E_{F_{Initial}}) - f(E - E_{F_{final}})\right)d^3k. \tag{1.78}$$

Wichtiger Hinweis: Aufpassen mit den Integrationsgrenzen beim Integrieren! Man muss im 3-D-Fall als äußerstes Integral über k_z integrieren und für die Integration über $k_{||}$ dieses k_z als untere Integrationsgrenze verwenden. Macht man das nicht, werden Elektronen doppelt gezählt. Weiterhin ist es günstiger, beim Integrieren im k-Raum zu bleiben und eben nicht (!) auf ein Energieintegral umzurechnen.

Um zu zeigen, wie gut das mit der Berechnung von Tunnelströmen funktioniert, schauen wir mal auf Abb. 1.11, in der für eine resonante InGaAs-GaAsSb-
Tunneldiode ein Vergleich einer gemessenen und einer nach obigen Methoden
berechneten $I(V)$-Kennlinie zu sehen ist. Wie man sieht, könnte die Übereinstimmung ruhig besser sein. Die Position der Resonanz passt einigermaßen, aber die Form
der berechneten Resonanz ist einfach anders. Die gemessene Resonanz ist eher drei-
eckig, während die berechnete Resonanz einer Lorentz-Linie ähnelt. Außerdem ist
die berechnete Resonanz viel schmaler als die gemessene. Jenseits der Resonanz
sinkt der Strom bei der berechneten Kennlinie viel stärker ab als bei der gemessenen
Kennlinie; man spricht von einem falschen peak to valley ratio. (Ja, das ist unschönes
Denglisch, aber eine vernünftige deutsche Übersetzung existiert nicht. Einen Ausdruck wie Gipfel-zu-Tal-Verhältnis würden auch Sie nicht verwenden wollen.) Und
schließlich, wenn man sich die Stromachsen ansieht, erkennt man, dass der berechnete Strom nur qualitativ richtig ist, aber nicht quantitativ. Alle diese Abweichungen
haben einen guten Grund, und der heißt Streuung durch gleich mehrere Streuprozesse wie ionisierte Störstellen, Elektron-Elektron- Streuung etc. Streuung jeder Art
wurde bei all unseren Berechnungen komplett ignoriert und auch das hat einen guten
Grund. Der Formalismus zur Berechnung von Tunnelströmen inklusive Streuung
ist ziemlich kompliziert (non-equilibrium Greens-functions formalism) und sprengt
den Rahmen dieses Buches bei Weitem. Ein weiterer Effekt, der die Berechnung
des Stromes in resonanten Tunneldioden ziemlich schwierig macht, ist die komplizierte Spannungsabhängigkeit der Elektronenverteilung in der Emitterelektrode.
Mehr dazu kommt später in diesem Buch.

Obwohl die berechnete Kennlinie der obigen RTD nicht besonders gut mit der
gemessenen Kennlinie übereinstimmt, muss man nicht frustriert sein. Tunnelkennlinien idealer Systeme berechnen zu können, ist auch schon extrem hilfreich, denn es
gibt durchaus Systeme, die sehr nahe am Ideal liegen. Ein Beispiel hierfür sind die
schon erwähnten BEEM-Experimente. In Abb. 1.12a sieht man den Potentialverlauf
einer typischen BEEM-Probe für die der Kollektorstrom I_{BEEM} als Funktion der
angelegten Spannung V_t berechnet werden soll. Sie werden zugeben, das Potential
sieht schon recht komplex aus. In Abb. 1.12b sieht man den Vergleich zwischen den
gemessenen Kennlinien und der Simulation. Für Spannungen von $V_t = 0.8\,V$ bis

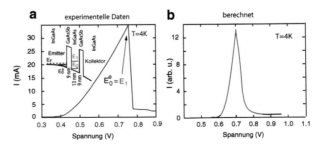

Abb. 1.11 **a** gemessene $I(V)$-Kennlinie einer InGaAs-GaAsSb Double Barrier Resonant Tunneling Diode (RTD) bei tiefer Temperatur ($T = 4.2\,K$). **b** Simulierte $I(V)$ Kennlinie. Als effektive
Elektronenmasse im InGaAs-GaAsSb-System wurde $m^* = 0.045 m_0$ angenommen

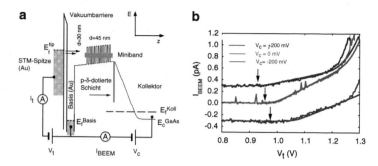

Abb. 1.12 a Potentialverlauf einer GaAs-AlGaAs-Heterostruktur in einem BEEM-Experiment.
b Simulierte und gemessene Kennlinien des BEEM-Stromes für Kollektorspannungen von $V_c = -200$ mV, $V_c = 0$ mV und $V_c = +20$ mV. Aus der gemessenen Einsatzspannung des BEEM-Stromes kann die energetische Position des Minibandes bestimmt werden. Die Pfeile markieren die Verschiebung der Einsatzspannung als Funktion der Kollektorspannung

ca. $V_t = 1.25$ V passen Rechnung und Experiment quantitativ(!) perfekt zusammen. Erst bei ganz hohen Werten von V_t gibt es Abweichungen, da im Halbleiter höhere Leitungsbänder nicht berücksichtigt wurden. Mehr Details zu diesen Experimenten und Simulationen finden sich bei (Smoliner et al. 2004).

Die Frage, die sich nun stellt, ist klarerweise: Wieso geht das hier so gut? Als Antwort gibt es im Wesentlichen zwei Gründe. 1: Ein Tunnelmikroskop ist einfach ein perfekter Tunnelkontakt und die Emitterelektrode ein unkompliziertes Metall. Exaktere Betrachtungen bräuchten wieder eine eigene Vorlesung. 2: Es gibt so gut wie keine Streuung in dieser Struktur, da die aktive Zone undotiert ist und vor allem das Verhältnis von Streuzeit und Transferzeit stimmt. Nimmt man LO-Phononenstreuung als dominanten Streuprozess im Halbleiter an (siehe Band I dieses Buches), so ist die Streuzeit, also die mittlere Zeit τ zwischen zwei Streuprozessen ca. 0.1 ps. Mit einer Einschussenergie von 150 meV über der Leitungsbandkante und einer effektiven Masse von $m^* = 0.067m_0$ bekommt man in dieser Zeit eine ballistische Flugstrecke von 90 nm, die Struktur ist aber nur 75 nm lang. Die Elektronen haben die Struktur also schon lange durchflogen, ehe sie von einem Phonon gestreut werden können. Hausaufgabe: Rechnen Sie die ballistische Flugstrecke mit Hilfe der Formeln $E_{kin} = m^* v^2/2$ und $v = s/\tau$ nach.

Literatur

Kane EO (1969) Basic concepts of tunneling. In: Burnstein E, Lundquist S (Hrsg) Tunnelling phenomena in solids. Plenum, New York. ISBN 978-1-4684-1754-8. https://doi.org/10.1007/978-1-4684-1752-4

Rakoczy D (2004) Ballistic electron emission microscopy/spectroscopy on III–V semiconductor heterostructures. Dissertation, TU-Wien

Ricco B, Azbel MY (1970) Physics of resonant tunneling. The one-dimensional double-barrier case. Phys Rev B 29:1984. https://doi.org/10.1103/PhysRevB.29.1970

Smoliner J, Ploner G (1989) Electron transport and confining potentials in nanostructures. In: Nalwa H (Hrsg) Handbook of nanostructured materials and nanotechnology, Bd 3(1). Academic Press. ISBN-13: 978-0471958932

Smoliner J, Rakoczy D, Kast M (2004) Hot electron spectroscopy/microscopy. Rep Prog Phys 67:1863, Academic Press, San Diego

Snider G (2001) 1D-Poisson solver. University of Notre Dame, Notre Dame, IN 46556, USA http://www.nd.edu/~gsnider/

Zweidimensionale Elektronengase

2

Inhaltsverzeichnis

2.1 Die Niederungen der niedrigdimensionalen Halbleiterphysik

Ehe wir es wagen, uns in die Niederungen der niedrigdimensionalen Halbleiterphysik zu bewegen, sollten ein paar Dinge klargestellt sein. Dieses Gebiet ist noch relativ neu, und daher gibt es auch keine Lehrbücher über dieses Gebiet als Ganzes, und deutschsprachige Lehrbücher darüber gibt es erst recht nicht. Alles, was es gibt, sind englischsprachige Bücher wie das Buch Mesoscopic Electronics in Solid State Nanostructures von Heinzel (2003) (eh noch das Buch mit der breitesten Thematik) und dann hochspezialisierte Bücher wie Semiconductor Nanostructures for Optoelectronic Applications (Steiner 2004), Semiconductor Nanostructures: Quantum States and Electronic Transport (Inn 2009), Transport in Nanostructures (Ferry et al. 2009) oder den Klassiker Electronic Transport in Mesoscopic Systems von Datta (1995). Ich hoffe daher, dass Ihnen die folgenden Abschnitte genügend Grundlagen vermitteln, so dass Sie ohne Schmerzen in die für Sie relevante Spezialliteratur einsteigen können.

Auf unserem Ausflug durch die Niederungen der niedrigdimensionalen Halbleiterphysik gehen wir schrittweise vor und klettern Dimension für Dimension nach unten, so lange, bis wir bei den nulldimensionalen Systemen ankommen und Sie am Ende verstehen können, warum ich keine Quantencomputer ausstehen kann. Beginnen wir mit den zweidimensionalen Elektronengasen.

© Springer-Verlag GmbH Deutschland, ein Teil von Springer Nature 2021
J. Smoliner, *Grundlagen der Halbleiterphysik II*,
https://doi.org/10.1007/978-3-662-62608-5_2

Bisher waren zweidimensionale Elektronengase etwas, das zwar in einem MOS-FET, HEMT oder Halbleiterlaser auftaucht und auch im Alltag im Computer, im Mobiltelefon und im Laserpointer gebraucht wird, die wirkliche Bedeutung des Wortes ‚zweidimensional', und vor allem auch die damit verbundenen physikalischen Konsequenzen waren aber ziemlich egal. Wir verlassen also jetzt endgültig den Bereich der Bauelemente in der Haushaltselektronik und kümmern uns ausschließlich um die schöne Physik in Halbleiter-Nanostrukturen. Zu diesem Zweck brauchen wir aber dringend etwas andere Betriebsbedingungen:

- Die Temperaturen sind ab sofort eher frisch ($T = $ 4K) bis leicht frostig ($T = $ 10mK).
- Auf Schmelzsicherungen können wir verzichten, denn alle Ströme sind eher klein und auf jeden Fall unter $I = 1\mu A$, meistens sogar weit unter $I = $ 1nA.
- Die Elektronenkonzentrationen n_{2D} sind vorzugsweise niedrig, also tunlichst im Bereich $n_{2D} \leq 3 \cdot 10^{11} \text{cm}^{-2}$, denn wir wollen unbedingt vermeiden, dass sich zwei Elektronen zufällig gegenseitig über den Haufen rempeln.
- Kleine RC-Konstanten und hohe Schaltgeschwindigkeiten sind uns per Definition absolut wurscht.

In diesem Umfeld gibt es dann noch weitere Dinge, die bisher komplett ignoriert wurden:

- Elektronen schweben in diesem Betriebsbereich nicht mehr einfach durch den Festkörper, sondern interagieren, wenn man nicht aufpasst, mit Vorliebe mit allem und jedem und auch mit sich selbst (siehe Sterns Modell).
- Die Elektronen verändern selber das Potential, in dem sie sich aufhalten. Zusätzlich bilden die Poisson-Gleichung und die Schrödinger-Gleichung ein dynamisches Duo (siehe Batman) und werden im Doppelpack plötzlich richtig lästig. Das Stichwort ist Selbstkonsistenz.
- Weil es nicht anders geht, muss man zum Verständnis dieser Effekte ein paar numerische Methoden lernen.
- Spineffekte und ähnlicher Quantenkram haben Hochsaison.
- Hohe Magnetfelder wollen plötzlich auch mitspielen. Die sind dann aber richtig hoch und richtig zickig noch dazu.
- Als Kompensation für diesen Ärger konnte man aber zumindest drei Nobelpreise auf diesem Gebiet einfahren: einen für den Quanten-Hall-Effekt, einen für den fraktionierten Quanten Hall-Effekt und die ‚composite fermions' und bisher den letzten für Graphen.

2.2   2-D-Elektronengase im HEMT: Sterns Modell

Frank Stern war einer der wichtigsten Pioniere auf dem Gebiet der zweidimensionalen Elektronengase und sehr berühmt. Er war sogar in den späten neunziger Jahren einmal bei uns am Institut in der Floragasse, wo ich ihn, er war bereits in höherem Alter, kennengelernt habe, und ich muss sagen, er war ein wirklich sympathischer Mensch. Sehr wichtig für uns ist sein Modell vom HEMT, in dem die Energie des Grundzustandes des 2-DEGs (zweidimensionales Elektronengas) berechnet wird (Ando et al. 1982). Gut an diesem Modell ist, dass es analytisch ist, und dass, und das ist neu für Sie als Student, verschiedene Wechselwirkungen der 2-D-Elektronen mit ihrer Umgebung berücksichtigt werden. Beginnen wir mit dem elektrischen Feld E_z im 2-D-Elektronenkanal an der GaAs-AlGaAs-Grenzfläche, welches aus der Flächendichte der Elektronen im Kanal n_{2D} und aus der in z-Richtung aufintegrierten Dichte der sogenannten ‚depletion charge' n_d im GaAs-Substrat (Abb. 2.1) berechnet werden kann. Diese ‚depletion charge' besteht aus parasitären, negativ geladenen Akzeptoren im GaAs, welche beim Kristallzuchtprozess unabsichtlich eingebaut wurden. Meistens handelt es sich dabei um Kohlenstoff, der aus dem CO_2 in der Luft stammt, denn eine gewisse Menge CO_2 haftet beim Einschleusen der Wafer in die Kristallzuchtanlage (MBE, Molecular Beam Epitaxy) immer recht hartnäckig auf der Waferoberfläche und wird somit unvermeidlich in die Anlage eingeschleppt. Für das elektrische Feld bekommt man damit die Gleichung

$$E = \frac{e(n_{2D} + n_d)}{\varepsilon_0 \varepsilon_r}. \tag{2.1}$$

Da die Dielektrizitätskonstanten von GaAs und AlGaAs beide ziemlich gleich sind,

$$\varepsilon_r(\text{GaAs}) \approx \varepsilon_r(\text{AlGaAs}) \approx 13, \tag{2.2}$$

sind auch die Felder links und rechts dieser Grenzfläche gleich, und liegen in der Größenordnung von 30–50 kV/cm. Damit kann auch der Spannungsabfall über dem spacer (Abb. 2.1) einfach berechnet werden:

$$V_{sp} = E \cdot d_{sp} = \frac{e(n_{2D} + n_d)}{\varepsilon_0 \varepsilon_r} \cdot d_{sp} \tag{2.3}$$

Der Potentialabfall V_1 im dotierten Gebiet zwischen dem Spacer und dem Potentialminimum (Abb. 2.1) ist normalerweise sehr klein und interessiert daher meistens nicht weiter. Der weitere Potentialverlauf zwischen dem Potentialminimum und der Oberfläche ist für unsere Betrachtungen ebenfalls irrelevant.

Oft ist es gut, wenn man den mittleren Abstand der Elektronen von der GaAs-AlGaAs-Grenzfläche kennt. Da HEMTs, besonders wenn sie für schöne Physikexperimente gebraucht werden, meist nur ein besetztes Subband haben, ist die Sache leicht. Der Abstand ist dann gleich dem Erwartungswert des Ortes für die Wellenfunktionen im untersten Subband, also

$$d' = \int_{-\infty}^{\infty} \Psi^* z \Psi \, dz \approx 5nm. \tag{2.4}$$

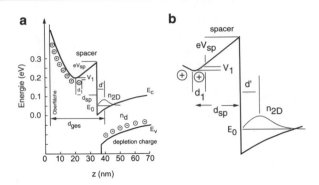

Abb. 2.1 a Verteilung der Ladungen im HEMT inklusive der depletion charge. **b** Vergrößerte Darstellung des aktiven Gebiets. Der Abstand der Elektronen von der GaAs-AlGaAs-Grenzfläche ist d', n_{2D} ist die Flächenladungsdichte der Elektronen im Kanal, und n_d die Flächenladungsdichte der integrierten depletion charge V_{sp} ist der Potentialabfall über dem spacer

Für Ψ wird eine sogenannte Variationswellenfunktion (ja, ja, das ist wirklich die aus der Übung Halbleiterphysik) verwendet:

$$\Psi = \left[\frac{b}{3}\right]^{\frac{1}{2}} z e^{-\frac{bz}{2}} \tag{2.5}$$

In der Variationswellenfunktion steckt noch ein Parameter b, der folgenden Wert hat (Ando et al. 1982)

$$b = \left(\frac{48\pi m^* e^2}{\varepsilon_0 \varepsilon_r \hbar^2}\left(n_d + \frac{11}{32}n_{2D}\right)\right)^{1/3}. \tag{2.6}$$

Die Herleitung dieser Formel kommt weiter hinten im Text. Natürlich stellt sich die Frage, warum man das alles nicht gnadenlos mit den numerischen Methoden am Anfang dieses Buches berechnet. Die Antwort ist: Analytische Ansätze für die Wellenfunktion des Grundzustandes sind extrem hilfreich, wenn weitere Größen wie Streuraten oder optische Übergangsraten berechnet werden sollen. Weil höhere Subbänder in der Praxis meistens eh unbesetzt sind, und daher nur selten interessieren, wird im Folgenden beispielhaft die Herleitung der Variationswellenfunktion für das unterste Subband gezeigt. Hinweis: Solche Variationswellenfunktionen erfüllen die Schrödinger-Gleichung nicht (!), sind aber trotzdem oft eine exzellente Näherung.

Damit die Geschichte mit der Variationswellenfunktion ordentlich funktioniert, nehmen wir in der Schrödinger-Gleichung so viele Beiträge zur Gesamtenergie des Elektrons im Potential, wie wir leicht bekommen können. Da gibt es zunächst den Hamilton-Operator für die kinetische Energie:

$$H_{kin} = \frac{\hbar^2 k^2}{2m^*} \tag{2.7}$$

Dann gibt es die Wechselwirkung der Elektronen mit der depletion charge im Substrat. Dabei sei ε_r im Folgenden immer die relative Dielektrizitätskonstante des jeweiligen Halbleiters. Der zugehörige Hamilton-Operator lautet:

$$H_{depl} = \frac{e^2 n_d z}{\varepsilon_0 \varepsilon_r} \left(1 - \frac{z}{\frac{2n_d}{N_A^*}} \right) \tag{2.8}$$

Vorsicht: Obige Formeln sind aus dritter Hand, und ich konnte die Originalquellen nicht mehr auftreiben. Es kann also sein, dass es hier Fehler gibt. Wer wissen will, warum das so aussieht, oder ob das wirklich richtig ist, muss also einem Theoretiker ein Bier zahlen. Für die Herleitung der noch folgenden Wechselwirkungsterme wird entsprechend mehr Bier fällig. Hinweis: So wie ich die lieben Kollegen kenne, ist jede Hoffnung auf Mengenrabatt wohl völlig vergebens.

Als nächsten Beitrag zur Gesamtenergie nehmen wir die $e^- - e^-$-Wechselwirkung im 2-DEG inklusive der Summe über alle besetzten Subbänder mit

$$H_{ee} = \frac{e^2}{2\varepsilon_0 \varepsilon_r} \sum_i n_{2D}^i \left(z + \int_0^z (z - z') \Psi^2(z') dz' \right). \tag{2.9}$$

Und schließlich nehmen wir noch den Beitrag des Image-Potentials (Spiegelladungen).

$$H_i = \frac{e^2}{16\pi \varepsilon_0 \varepsilon_r z} \left(\frac{\varepsilon_r - \varepsilon_{SiO_2}}{\varepsilon_r + \varepsilon_{SiO_2}} \right). \tag{2.10}$$

Im Silizium ist das wichtig, da die Dielektrizitätskonstanten im Si ($\varepsilon_r = 11.7$) und SiO_2 ($\varepsilon_r = 3.9$) sehr verschieden sind. Auf GaAs-AlGaAs-Heterostrukturen ist das wurscht, weil überall $\varepsilon_r = 13$ gilt und H_i damit null ist. Die gesamte Schrödinger-Gleichung lautet dann

$$H\Psi = (H_{kin} + H_{depl} + H_{ee} + H_i)\Psi = E\Psi. \tag{2.11}$$

Jetzt setzt man die Wellenfunktion ein und man bekommt angeblich nach Vernachlässigung der Spiegelladungen, des zweiten Terms in Gl. 2.8 und längerem Herumrechnen (alles 1:1 bei Ando et al. 1982 abgeschrieben)

$$E_{kin} = \frac{\hbar^2 b^2}{8m^*}, \tag{2.12}$$

$$E_{depl} = \frac{12e^2 n_d}{\varepsilon_0 \varepsilon_r b} - \frac{24e^2 N_A^*}{\varepsilon_0 \varepsilon_r b^2}, \tag{2.13}$$

$$E_{ee} = \frac{33\pi e^2 n_{2D}}{4\varepsilon_0 \varepsilon_r b}, \tag{2.14}$$

$$E_i = \frac{e^2 b}{8\pi \varepsilon_r \varepsilon_0} \left(\frac{\varepsilon_r - \varepsilon_{SiO_2}}{\varepsilon_r + \varepsilon_{SiO_2}} \right). \tag{2.15}$$

ε_{SiO_2} ist die relative Dielektrizitätskonstante in der SiO_2 Barriere. Die Gesamtenergie ist dann

$$E_{Gesamt} = \left(E_{kin} + E_{depl} + \frac{1}{2}E_{ee} + E_i \right). \tag{2.16}$$

Wer wissen will, woher der Faktor 1/2 herkommt, muss bei Ando et al. (1982) nachlesen. Den Parameter b bekommt man aus dem Minimum der Gesamtenergie, also durch die Ableitung nach b und der Bedingung

$$\frac{dE_{Gesamt}}{db} = 0. \tag{2.17}$$

Diese Gleichung lässt sich dann nach b auflösen und man bekommt

$$b = \left(\frac{48\pi m^* e^2}{\varepsilon_0 \varepsilon_r \hbar^2} \left(n_d + \frac{11}{32}n_{2D} \right) \right)^{1/3}. \tag{2.18}$$

Damit bekommt man für die Energie des Grundzustandes

$$E_0 = \left(\frac{3}{2} \right)^{\frac{5}{2}} \left[\frac{e^2 \hbar}{\sqrt{m^* \varepsilon_0 \varepsilon_r}} \right]^{\frac{2}{3}} \frac{n_d + \frac{55}{96}n_{2D}}{\left(n_d + \frac{11}{32}n_{2D} \right)^{\frac{1}{3}}}, \tag{2.19}$$

die mit typischen Parametern ($n_{2D} = 3 \cdot 10^{11} cm^{-2}$, $n_d = 1 \cdot 10^{11} cm^{-2}$) in der Größenordnung von 50 meV liegt.

2.3   2-D-Energiezustände und Selbstkonsistenz

Analytische Modelle sind gut für das qualitative Verständnis; dank heutzutage billiger und schneller Computer sind numerische Methoden aber einfacher und flexibler in der praktischen Anwendung. Die in den folgenden Abschnitten beschriebenen numerischen Methoden reichen für ein Studentenleben an unserem Institut völlig aus; für die Leute, die dann an das Institut für Mikroelektronik gehen, sind sie zumindest ein guter Einstieg in die Welt der industrierelevanten Simulationen.

2.3.1   Die Poisson-Gleichung für stückweise konstante Ladungsdichten

Ganz allgemein hat die Ladungsträgerkonzentration im Halbleiter sowohl ortsfeste Komponenten (ionisierte Donatoren und Akzeptoren) als auch mobile Komponenten, nämlich die Elektronen und Löcher. Nehmen wir nun an, die Ladungsträgerkonzentration sei stückweise konstant. In einem n-Typ-Halbleiter gilt damit für die Ladungsträgerkonzentration ganz allgemein

$$\rho = [\underbrace{N_D^*(z, t)}_{\text{ortsfest}} - \underbrace{n(z, t)}_{\text{mobil}}]. \qquad (2.20)$$

Die Poisson-Gleichung in einer Dimension sieht dann auf irgendeinem beliebigen Teilstück j des Problems so aus (Abb. 2.2):

$$\frac{\partial^2 \phi_j}{\partial z^2} = -\frac{e\rho_j}{\varepsilon_0 \varepsilon_j}, \qquad (2.21)$$

wobei ε_j die relative Dielektrizitätskonstante im Teilstück j ist, und ρ_j die entsprechende Ladungsträgerkonzentration. Wenn man annimmt, dass diese Ladungsträgerkonzentrationen ρ_j stückweise konstant sind, kann man das Problem in einzelne Intervalle zerlegen und durch zweimalige Integration lösen. Im Intervall $[z_j, z_{j+1}]$ gilt dann für die jeweiligen Potentiale

$$\phi_j = -\frac{e\rho_j}{2\varepsilon_0 \varepsilon_j}(z - z_j)^2 + c_j(z - z_j) + d_j. \qquad (2.22)$$

c_j und d_j sind Integrationskonstanten. Wir wählen nun als Randbedingungen (Anfangsbedingungen) $\phi|_{z=0} = 0$ und $\frac{\partial\phi}{\partial z}|_{z=0} = E$. E ist irgendein elektrisches Feld, und wir bekommen sofort das Resultat, dass $d_0 = 0$ und $c_0 = E$ sein muss. Die Gesamtlösung bekommt man durch das Zusammenstückeln der einzelnen Potentiale mit den Bedingungen, dass das Potential und die dielektrische Verschiebung (displacement) an der Grenzfläche zwischen den Gebieten j und $j + 1$ stetig sind. Betrachten wir die Position z_{j+1}. Links davon ist das Gebiet j, rechts davon das Gebiet $j + 1$. An dieser Stelle gelten also die Beziehungen

$$\phi_j(z_{j+1}) = \phi_{j+1}(z_{j+1}) \qquad (2.23)$$

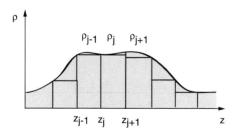

Abb. 2.2 Diskretisierungsschema für stückweise konstante Ladungsdichten

$$\varepsilon_j \left. \frac{\partial \phi_j}{\partial z} \right|_{z_{j+1}} = \varepsilon_{j+1} \left. \frac{\partial \phi_{j+1}}{\partial z} \right|_{z_{j+1}}. \tag{2.24}$$

Wir erhalten so eine rekursive Beziehung für d_j und c_j:

$$d_{j+1} = -\frac{e\rho_j}{2\varepsilon_0\varepsilon_j}(z - z_j)^2 + c_j(z - z_j) + d_j \tag{2.25}$$

$$c_{j+1} = -\frac{e\rho_j}{\varepsilon_0\varepsilon_{j+1}}(z - z_j) + c_j\frac{\varepsilon_j}{\varepsilon_{j+1}} \tag{2.26}$$

2.3.2 Die Poisson-Gleichung für beliebige Ladungsverteilungen

So einfach wie oben ist es leider nur selten. Die Poisson-Gleichung lautet zwar scheinbar harmlos nur

$$\frac{\partial^2 \phi(z)}{\partial z^2} = -\frac{e\rho(z)}{\varepsilon_0\varepsilon_r(z)}, \tag{2.27}$$

wobei aber im Halbleiter gerne zusätzlich die Formel

$$\rho(z) = N_c \exp\left(\frac{-(\mathrm{E}_c(z) - \mathrm{E}_F)}{kT}\right) \tag{2.28}$$

mit

$$(\mathrm{E}_c(z) - \mathrm{E}_F) = e\phi(z) \tag{2.29}$$

ins Spiel kommt, oder noch viel Schlimmeres. Die Poisson-Gleichung im Halbleiter schreibt sich dann als

$$\frac{\partial^2 \phi(z)}{\partial z^2} = -\frac{eN_c}{\varepsilon_0\varepsilon_r(z)} \exp\left(\frac{-(\mathrm{E}_c(z) - \mathrm{E}_F)}{kT}\right), \tag{2.30}$$

und das ist eine ziemlich unlustige, nichtlineare Differentialgleichung, in der die Ableitung des Potentials vom Potential selbst abhängt. Zusätzlich hat man dann noch das Problem, dass man die gegebenen Randbedingungen richtig einbauen muss, wie zum Beispiel die Randbedingungen in einem MOSFET, wo gerne eine Gatespannung von $V_G > 0$ V und auf dem Substrat eine Substratspannung von $V_{sub} = 0$ V zu berücksichtigen sind.

Etwas Numerik kann auch bei diesem Problem sehr helfen. Daher kümmern wir uns jetzt im ersten Schritt um die Diskretisierung der Poisson-Gleichung, ganz ähnlich wie wir das schon für die Schrödinger-Gleichung gemacht haben:

$$\frac{\partial^2 \Phi(z)}{\partial z^2} = \frac{\Phi_{j+1} - 2\Phi_j + \Phi_{j-1}}{(z_{j+1} - z_j)^2} = -\frac{e\rho_j}{\varepsilon_0\varepsilon_j}. \tag{2.31}$$

ε_j ist wieder die relative Dielektrizitätskonstante auf dem Teilstück j und ρ_j die zugehörige Ladungsträgerkonzentration (Abb. 2.2). Diese Gleichung lässt sich in Matrixform schreiben (z. B. hier für acht Stützstellen):

$$\frac{1}{\Delta z^2}\begin{bmatrix} 1 & -2 & 1 & 0 & 0 & 0 & 0 & 0 \\ 0 & 1 & -2 & 1 & 0 & 0 & 0 & 0 \\ 0 & 0 & 1 & -2 & 1 & 0 & 0 & 0 \\ 0 & 0 & 0 & 1 & -2 & 1 & 0 & 0 \\ 0 & 0 & 0 & 0 & 1 & -2 & 1 & 0 \\ 0 & 0 & 0 & 0 & 0 & 1 & -2 & 1 \end{bmatrix}\begin{bmatrix} \Phi_0 \\ \Phi_1 \\ \Phi_2 \\ \Phi_3 \\ \Phi_4 \\ \Phi_5 \\ \Phi_6 \\ \Phi_7 \end{bmatrix} = \frac{-e}{\varepsilon_0}\begin{bmatrix} \varrho_1/\varepsilon_1 \\ \varrho_2/\varepsilon_2 \\ \varrho_3/\varepsilon_3 \\ \varrho_4/\varepsilon_4 \\ \varrho_5/\varepsilon_5 \\ \varrho_6/\varepsilon_6 \end{bmatrix} \qquad (2.32)$$

Da das Potential an den Rändern des Problems, anders als bei Wellenfunktionen, ganz und gar nicht null sein wird, bekommt man keine quadratische Matrix, und als Folge davon lässt sich das Gleichungssystem eben nicht bequem lösen. Besser geht das, wenn man die Elemente 0 und 7 auf die andere Seite schafft:

$$\frac{1}{\Delta z^2}\begin{bmatrix} -2 & 1 & 0 & 0 & 0 & 0 \\ 1 & -2 & 1 & 0 & 0 & 0 \\ 0 & 1 & -2 & 1 & 0 & 0 \\ 0 & 0 & 1 & -2 & 1 & 0 \\ 0 & 0 & 0 & 1 & -2 & 1 \\ 0 & 0 & 0 & 0 & 1 & -2 \end{bmatrix}\begin{bmatrix} \Phi_1 \\ \Phi_2 \\ \Phi_3 \\ \Phi_4 \\ \Phi_5 \\ \Phi_6 \end{bmatrix} = \frac{-e}{\varepsilon_0}\begin{bmatrix} \varrho_1/\varepsilon_1 - \frac{\varepsilon_0}{e}\frac{\Phi_0}{\Delta z^2} \\ \varrho_2/\varepsilon_2 \\ \varrho_3/\varepsilon_3 \\ \varrho_4/\varepsilon_4 \\ \varrho_5/\varepsilon_5 \\ \varrho_6/\varepsilon_6 - \frac{\varepsilon_0}{e}\frac{\Phi_7}{\Delta z^2} \end{bmatrix} \qquad (2.33)$$

Diese Gleichung in der Form $M\Phi = \varrho$ braucht dann nur noch mittels Matrixinversion auf die Form $\Phi = M^{-1}\varrho$ gebracht werden, und das Potential wäre damit berechnet, gäbe es da nicht noch ein kleines, aber lästiges Problem: Wie oben erwähnt, gilt ja gerne auch noch eine Beziehung wie $\rho(z) = N_c \exp\left(\frac{-(E_c(z)-E_F)}{kT}\right)$, wobei $(E_c(z) - E_F) = e\phi(z)$ ist. Die Ladungsträgerdichte ist also gar nicht bekannt, weil man das Potential ja noch nicht kennt.

Daher braucht es zur Lösung unseres Problems noch einen zweiten Schritt, und das ist die Berechnung einer selbstkonsistenten Lösung. Die ganze Prozedur läuft folgendermaßen:

- Man beginnt mit der Wahl eines intelligenten Startpotentials (z. B. linearer Spannungsabfall).
- Mit $\rho(z) = N_c \exp\left(\frac{-(E_c(z)-E_F)}{kT}\right)$ wird jetzt die Ladungsträgerkonzentration bestimmt.
- Dann wird mit der Matrixmethode das neue Potential berechnet.
- Mit dem neuen Potential berechnet man eine neue Ladungsverteilung und hofft, dass das Ganze schnell konvergiert.

Schnell konvergiert da leider erst einmal gar nichts, ganz im Gegenteil, es oszilliert die Berechnung ganz gewaltig, außer man verwendet den Trick mit dem Mischparameter: V_j sei das alte Potential, V_{j+1} das neue Potential. Das Potential, das man für die nächste Ladungsberechnung nehmen sollte, ist

$$V'_{j+1} = \alpha V_{j+1} + (1 - \alpha)V_j. \tag{2.34}$$

α nennt man den Mischparameter, der typischerweise unter 30 % liegt.

Wichtig: Die richtige Wahl des Mischparameters ist reiner Voodoo und hängt von den Details des Problems und dem Mondstand ab. Als Faustregel gilt jedoch: Ein kleines α bedeutet lange Rechenzeit und sichere und stabile Konvergenz, ein großes α bedeutet kurze Rechenzeit, dafür eine eher instabile Konvergenz.

2.3.3 Selbstkonsistenz und die Schrödinger-Gleichung

Jetzt geht es ans Eingemachte. Man stelle sich einen HEMT vor, bei dem die Elektronenkonzentration im Kanal durch eine Gatespannung erhöht wird. Irgendwann ist diese Elektronenkonzentration so groß, dass sie ihren eigenen Potentialtopf verändert. Das ist kein Scherz, so etwas gibt es wirklich auch in jedem MOSFET. Dadurch ändern sich Energiezustände im Topf und natürlich auch die zugehörigen Wellenfunktionen. Damit das auftritt, muss die Flächenladungsdichte der Elektronen übrigens gar nicht so groß sein. Die üblichen Werte von $n \approx 3 \cdot 10^{11} \text{cm}^{-2}$ reichen dafür locker aus. Man muss jetzt also die Poisson-Gleichung und die Schrödinger-Gleichung selbstkonsistent gemeinsam lösen.

Wenn wir nur ein Subband betrachten, und das ist meistens gerechtfertigt, ist die Vorgehensweise (bei $T = 0K$, sonst wird es wirklich kompliziert) die folgende: Immer gilt für die Flächenladungsdichte

$$\int n(z, T)dz = n_{2D} \tag{2.35}$$

mit

$$n(z, T) = n(T)|\Psi(z)|^2. \tag{2.36}$$

Als Startwert für die lokale Ladungsdichte in der ersten Iteration wird dann

$$\rho^{it=1}(z, T) = \left(N_D^*(z, T) - n(z, T)^{it=1}\right) \tag{2.37}$$

genommen. Die Elektronendichte $n^{it=1}(z, T)$ kann von der Form her willkürlich gewählt werden (gaußförmig, deltaförmig, etc.), nur der Absolutwert der Flächenladungsdichte muss den gemessenen Werten entsprechen. In einem HEMT und auch in Quantentrögen, wie sie für schöne Experimente verwendet werden, liegen die ionisierten Donatoren normalerweise nicht im Elektronenkanal, d.h., $N_D^*(z, T)$ kann mit ruhigem Gewissen im aktiven Gebiet, in welchen herumgerechnet wird, auf Null gesetzt werden. Jetzt starten wir den iterativen Prozess für konstante Temperatur und gehen wie folgt vor:

- Das Potential $\phi^{it=1}$ ausrechnen.
- Schrödinger-Gleichung lösen; Ψ ausrechnen; das liefert $n^{it=2}(z, T)$.
- Mit $n^{it=2}$ das neue Potential $\phi^{it=2}$ ausrechnen.
- So lange damit weitermachen, bis sich z. B. E_0 nicht mehr ändert. Andere Abbruchbedingungen, wie eine stabile Wellenfunktion oder eine stabile Potentialform sind auch ok.
- Stopp

Problem: So einfach konvergiert diese Prozedur natürlich nicht, also nimmt man für die nächste Iteration der Elektronendichte $n'_{it=k+1}(z, T)$ also den gleichen Trick wie früher:

$$n'_{it=k+1}(z, T) = (1 - \alpha) \underbrace{n_{it=k}(z, T)}_{*1} + \alpha \underbrace{n_{it=k+1}(z, T)}_{*2} \qquad (2.38)$$

*1: Diese Dichte wurde gerade in dieser Iteration verwendet.
*2: Das ist die gerade neu ausgerechnete Dichte.

Zum Schluss zwei letzte Bemerkungen zu diesem Thema:

- Wer sich die Lösung der Schrödinger-Gleichung ersparen will, kann die Thomas-Fermi-Näherung aus der Atomphysik verwenden. Das ist eine analytische Gleichung für $n(z, T)$ bei gegebenem Potential. Diese Näherung funktioniert gut, wenn entweder nur ein Subband besetzt ist oder viele (> 5). Zum Verständnis unserer Probleme bringt die Gleichung hier nichts, also bitte selbst auf Wikipedia nachsehen.
- Wer sich jetzt fragt, wozu man das Obige alles braucht: Genau so funktioniert das berühmte Programm von G. Snider (University of Notre Dame, USA) zur Berechnung von Bandprofilen, das bei uns am Institut für Festkörperelektronik so gerne verwendet wird. Als Beispiel kann man das selbstkonsistent berechnete Bandprofil eines HEMT in Abb. 2.3 bewundern und dabei feststellen, dass die Dotierung im AlGaAs einen ziemlich kräftigen Einfluss auf die Lage des untersten Energieniveaus im Kanal hat.

Abb. 2.3 Selbstkonsistent berechnetes Bandprofil eines HEMT für Dotierungen im AlGaAs von $1 \cdot 10^{18}$cm^{-3} und $3 \cdot 10^{18}$cm^{-3}. Die Lage des untersten Subbandes im 2-D-Kanal ist ebenfalls eingezeichnet. Zur Berechnung wurde das Programm von Snider (2001) verwendet

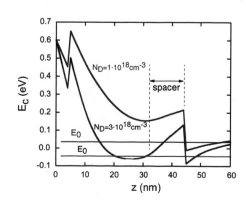

2.4   Das 2-DEG im normalen Magnetfeld

In zweidimensionalen Elektronensystemen spielen sich im Magnetfeld viele interessante physikalische Effekte ab, die am Ende sogar zu zwei Nobelpreisen geführt haben. Auch heute und nach mehr als 30 Jahren ist die Physik in zweidimensionalen Elektronensystemen noch lange nicht am Ende, nur die untersuchten Systeme sind eher nicht mehr GaAs-Heterostrukturen, sondern andere Materialien, allen voran Graphen. Graphen hat übrigens ebenfalls einen Nobelpreis abgeworfen. In Summe haben wir bisher also drei Nobelpreise für 2-D-Systeme, und da kann man wirklich nicht mehr behaupten, 2-D-Systeme würden niemanden interessieren.

Um einen gut verständlichen Einstig zu finden, kümmern wir uns jetzt aber nicht um moderne Systeme wie Graphen, sondern besser um die historischen Erkenntnisse aus der Frühsteinzeit. Reisen wir also zunächst zurück in die achtziger Jahre des letzten Jahrtausends und zu den perfekten GaAs-AlGaAs-Heterostrukturen mit ihren geradezu grenzenlosen mittleren freien Weglängen und Elektronenbeweglichkeiten. Dort angekommen stopfen wir das erste verfügbare 2-DEG in einen supraleitenden Magneten, und dann das Ganze zusammen ins flüssige Helium, und zwar in einer Konfiguration bei der das Magnetfeld senkrecht auf die Ebene des 2-DEG gerichtet ist. Sogleich zeigen sich wundersame Widerstandsoszillationen und sogar treppenförmige Widerstandskennlinien, die man natürlich gerne verstehen würde.

Was müssen wir wohl dazu tun? Richtig, wir müssen uns um die Schrödinger-Gleichung eines 2-DEGs im Magnetfeld

$$\left[\frac{1}{2m^*}\left(\vec{p}-e\vec{A}\right)^2+eV(x,y)+eV(z)\right]\Psi(x,y,z)=E\,\Psi(x,y,z) \qquad (2.39)$$

kümmern. Weil das Gesamtpotential als Summe aus $V(x,y)+V(z)$ schreiben können, ist das Problem separabel, d.h. $\Psi(x,y,z)=\Psi(x,y)\Psi(z)$. Die Schrödinger-Gleichung hat damit die Form

$$\left(H_{xy}+H_z\right)\Psi(x,y)\Psi(z)=\left(E_{xy}+E_z\right)\Psi(x,y)\Psi(z). \qquad (2.40)$$

H_z und $\Psi(z)$ beschreiben die Quantisierung der Elektronen im 2-D-Kanal in z-Richtung, was uns an dieser Stelle aber völlig egal ist, weil wir uns ja nur um die Bewegung der Elektronen parallel zu den Schichten der Heterostruktur kümmern wollen.

Dazu widmen wir uns zuerst dem Vektorpotential $\vec{A}=(0,Bx,0)$. Mit $\vec{B}=rot(\vec{A})$ bekommt man ein Magnetfeld in z-Richtung $\vec{B}=(0,0,B)$. $\vec{A}=(-By,0,0)$ geht übrigens auch, wer das nicht glaubt, kann gerne bei *Wolfram Alpha* den Befehl $curl(-By,0,0)$ eintippen. Weitere Hintergrundinformationen liefert Wikipedia unter dem Stichwort ‚Landau-Eichung'. Setzen wir nun unser Magnetfeld in die Schrödinger-Gleichung ein:

$$\frac{1}{2m^*}\left[(p_y-eBx)^2+p_x^2\right]\Psi(x,y)=E\,\Psi(x,y) \qquad (2.41)$$

Weil wir nur die superguten Proben mit den atomar glatten Grenzflächen aus unserer MBE-Gruppe benutzen, ist $V(x, y)$ zum Glück vernachlässigbar. Damit wird die Lösung nochmals separabel, was natürlich vieles leichter macht:

$$\Psi(x, y) = \underbrace{\chi_k(y)}_{\text{ebene Wellen}} \cdot \phi(x) \tag{2.42}$$

$$\chi_k(y) = \frac{1}{\sqrt{L_y}} e^{iky} \tag{2.43}$$

L_y ist eine Normierungskonstante. Die Impulsoperatoren lauten

$$p_x = -i\hbar \frac{\partial}{\partial x} \quad \text{und} \quad p_y = -i\hbar \frac{\partial}{\partial y}. \tag{2.44}$$

Mit $p = \hbar k$ liefert das Einsetzen in die Schrödinger-Gleichung

$$\frac{1}{2m^*} \left[(\hbar k_y - eBx)^2 - \hbar^2 \frac{\partial^2}{\partial x^2} \right] \Psi_j(x, y) = E_j \, \Psi_j(x, y). \tag{2.45}$$

Dann führt man noch eine Zentrumskoordinate $X = l_B^2 k_y$ ein, die, Vorsicht, zwar aussieht wie eine Ortskoordinate, in Wirklichkeit aber den Nullpunkt für die Energie $E(k_y)$ bestimmt. Jetzt definieren wir noch schnell die Zyklotronfrequenz

$$\omega_c = \frac{eB}{m^*} \tag{2.46}$$

und dann noch eine magnetische Länge (das ist, wie sich gleich nachher herausstellen wird, einfach der Zyklotronradius des untersten Landau -Niveaus)

$$l_B = \sqrt{\frac{\hbar}{eB}} \tag{2.47}$$

und erhalten damit

$$\left[-\frac{\hbar^2}{2m^*} \cdot \frac{\partial^2}{\partial x^2} + \frac{1}{2}\omega_c^2 (x - X)^2 \right] \Psi_n(x - X) = E_n \Psi_n(x - X). \tag{2.48}$$

Das ist mal wieder ein harmonischer Oszillator mit den Energien

$$E_n = \left(n + \frac{1}{2} \right) \hbar\omega_c. \tag{2.49}$$

Wie die Wellenfunktionen Ψ_n genau aussehen, ist uns wieder einmal egal, wir brauchen das für unsere Zwecke nicht.

Interessant hingegen ist der sogenannte Zyklotronradius, also der mittlere Radius der Wellenfunktionen im Magnetfeld, welcher sich laut den Leuten aus der Theorie-Abteilung, allerdings nur mit einigem quantenmechanischen Gewürge, so

$$r_{B,n} = l_B \sqrt{2n + 1} \tag{2.50}$$

berechnet. Halbklassisch geht das aber auch, und dazu nehmen wir zuerst das Kräftegleichgewicht zwischen Zentripetalkraft (den Unterschied zur Zentrifugalkraft bitte bei Wikipedia nachsehen) und der Lorentz-Kraft

$$\frac{m^* v^2}{r_{B,n}} = evB. \tag{2.51}$$

$r_{B,n}$ ist der Bahnradius des n-ten Landau-Niveaus im Magnetfeld, die anderen Symbole sollten bekannt sein. Wir lösen das nach $r_{B,n}$ auf

$$r_{B,n} = \frac{m^* v}{eB}, \tag{2.52}$$

verwenden für die Geschwindigkeit v die Formel für die kinetische Energie $E = \frac{m^* v^2}{2}$, und bekommen

$$r_{B,n} = \frac{m^*}{eB} \sqrt{\frac{2E}{m^*}} = \frac{1}{eB} \sqrt{2m^* E}. \tag{2.53}$$

Jetzt gibt es aber noch die Gl. 2.49 von oben, welche die Elektronenenergie im Magnetfeld beschreibt

$$E = \hbar \omega_c \left(n + \frac{1}{2} \right) = \hbar \frac{eB}{m^*} \left(n + \frac{1}{2} \right). \tag{2.54}$$

Einsetzen in Gl. 2.53 liefert

$$r_{B,n} = \frac{1}{eB} \sqrt{2m^* \hbar \frac{eB}{m^*} \left(n + \frac{1}{2} \right)} = \frac{1}{e} \sqrt{2\hbar \frac{e}{B} \left(n + \frac{1}{2} \right)} = \sqrt{\frac{2\hbar}{eB}} \sqrt{\left(n + \frac{1}{2} \right)}. \tag{2.55}$$

Jetzt noch ein wenig umformen, und siehe da, man bekommt das selbe Resultat wie die Leute in der Theorie-Abteilung (Gl. 2.50)

$$r_{B,n} = \sqrt{\frac{\hbar}{eB}} \sqrt{(2n + 1)} = l_B \sqrt{(2n + 1)}. \tag{2.56}$$

Jetzt kommt der Knackpunkt: Diese Gleichung hängt nicht von der effektiven Masse ab, und gilt daher für alle Halbleiter in einem Magnetfeld . Das ist schon bemerkenswert, würde ich mal sagen. In Worten, damit man es sich auch gut merken kann: Der Bahnradius des untersten Landau-Niveaus in einem Halbleiter ist immer 25.6 nm oder 256 Å durch Wurzel B.

2.4.1 Die Zustandsdichte im Magnetfeld

Die Zustandsdichte im Zweidimensionalen berechnet sich, wie man in Band I dieses Buches (Kap. 4) nachlesen kann, bei $T = 0K$ und $B = 0T$ zu $D(E)dE = \frac{m^*}{2\pi\hbar^2}dE$ (kein Spin). Die Energie der Landau-Niveaus im Magnetfeld ist $E_n = (n + \frac{1}{2})\hbar\omega_c$, und die Elektronen stehen im Band zwischen $E = 0$ und $E = E_F$. Damit berechnet sich die Anzahl der Elektronen im 2-DEG zu

$$n_{2D} = g_s g_v \int_0^{E_F} \frac{m^*}{2\pi\hbar^2} dE = g_s g_v \frac{E_F m^*}{2\pi\hbar^2}. \tag{2.57}$$

g_s und g_v sind die Entartungsfaktoren für die Spin- und Valley-Entartung. Ist $B \geq 0T$, so kann E_F als Funktion der Zyklotronfrequenz hingeschrieben werden

$$E_F = N\hbar\omega_c, \tag{2.58}$$

wobei N die Anzahl der besetzten Landau-Niveaus ist. Vorsicht, hier wird in der Literatur gerne schlampig formuliert! Wirklich jeder sagt: Anzahl der Elektronen, in Wahrheit ist n_{2D} aber natürlich eine Flächenladungsdichte. Hausaufgabe: Einheiten kontrollieren.

Im Magnetfeld wird aus der konstanten 2-D-Zustandsdichte im Idealfall eine Serie von δ-förmigen Peaks. In der Praxis sind das aber eher gaußförmige Peaks auf einem gewissen konstanten Untergrund, wie sie in Abb. 2.4 dargestellt sind. Die ausgedehnten und lokalisierten Zustände (extended und localized states) interessieren hier nicht, die werden erst für den Quanten-Hall-Effekt gebraucht. Die Fläche unter diesen Peaks entspricht der integrierten 2-D-Zustandsdichte ohne Magnetfeld. Die Anzahl (eigentlich Flächenladungsdichte) D_n der Elektronen im Landau-Niveau n ohne Entartung ist daher einfach die Anzahl der Elektronen dividiert durch die Anzahl der Landau-Niveaus zwischen $E = 0$ und $E = E_F$:

$$D_n = \frac{n_{2D}}{N} = \frac{m^*\omega_c}{2\pi\hbar} = \frac{m^*eB}{2\pi\hbar m^*} = \frac{eB}{2\pi\hbar} \tag{2.59}$$

Abb. 2.4 Gaußförmige Zustandsdichte auf konstantem Untergrund. Die ausgedehnten Zustände liegen in der Mitte der Landau-Niveaus. (Nach Sauer 2009)

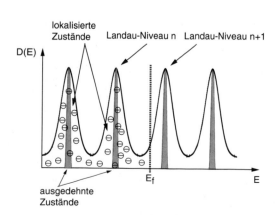

Will man den Spin und eine eventuelle Valley-Entartung mitnehmen, muss man die Entartungsfaktoren hinzufügen, und die wären $g_s = 2$ für den Spin und $g_v = 6$ für die Valley-Entartung im Silizium-Leitungsband. Für GaAs ist $g_s = 2$ und $g_v = 1$. Die Gleichung lautet dann

$$D_n = \frac{n_{2D}}{N} = \frac{g_s g_v m^* \omega_c}{2\pi \hbar} = \frac{g_s g_v m^* e B}{2\pi \hbar m^*} = \frac{g_s g_v e B}{2\pi \hbar}. \tag{2.60}$$

Dann spricht man noch gerne vom sogenannten Füllfaktor

$$\nu = \frac{h n_{2D}^N}{e B}. \tag{2.61}$$

Dieser Füllfaktor ist das Verhältnis der Elektronendichte im letzten, nur teilweise gefüllten, Landau-Niveau und der Dichte der Elektronen, die in dieses Landau-Niveau überhaupt hineinpassen. Der Index N bezeichnet also das letzte gefüllte Landau-Niveau. Diese magnetfeldabhängigen Füllfaktoren resultieren schließlich in

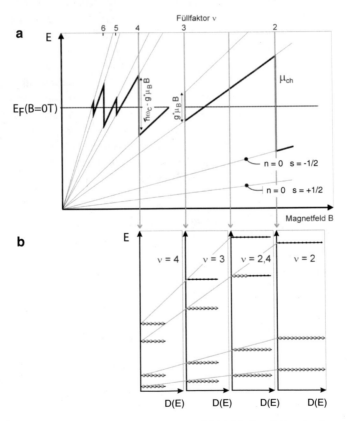

Abb. 2.5 **a** Verlauf des Fermi-Niveaus im Magnetfeld inklusive Spinaufspaltung, **b** Lage der Landau-Niveaus inklusive Spinaufspaltung. (Nach Ahlswede 2002)

einem oszillierenden Fermi-Niveau E_F, wie es in Abb. 2.5 dargestellt ist. Oszilliert das Fermi-Niveau bei konstanter Elektronendichte im variablen Magnetfeld, so oszilliert einfach alles, die Magnetisierung (De-Haas-van-Alphen-Effekt), die Leitfähigkeit (Shubnikov-de-Haas-Effekt), die spezifische Wärme, etc.

2.4.2 Shubnikov-de-Haas-Effekt

Der Shubnikov-de-Haas-Effekt (SdH-Effekt), eine simple Messung des Probenwiderstandes in Abhängigkeit vom Magnetfeld, ist das Standardexperiment zur Bestimmung der zweidimensionalen Elektronendichte. Typische Daten sieht man in Abb. 2.7. Die Messung ist in Hall-Geometrie (Abb. 2.6) oder einfach als Zweipunktmessung möglich. Hier die wesentlichen Punkte des Experiments (Abb. 2.7):

- Der Probenwiderstand oszilliert mit dem Magnetfeld B, die Oszillationen sind equidistant in $1/B$.
- Der SdH-Effekt sieht ausschließlich die Elektronen im hochbeweglichen 2-D-Kanal und es muss gelten, dass die klassische Umlaufzeit der Elektronen im Magnetfeld kleiner als die Streuzeit ist, also $1/\omega_c \leq \tau$.
- Die Hall-Dichte und die SdH-Dichte sind nicht unbedingt gleich. Meistens ist $n_{SdH} \leq n_{Hall}$, da der quantenmechanische SdH-Effekt, wie gesagt, nur hochbewegliche zweidimensionale Elektronen sieht, der klassische Hall-Effekt aber alle Elektronen in der Probe.

Nehmen wir zur Erklärung des Experiments wieder an, dass nur ein 2-D-Subband besetzt ist und wir ein Magnetfeld senkrecht zur Ebene des 2-D-Elektronengases angelegt haben. In diesem Fall wird der Längswiderstand der Probe maximal, wenn E_F in der Mitte des höchsten gefüllten Landau-Niveaus liegt, und minimal, wenn sich E_F in der Mitte zwischen dem höchsten gefüllten und dem darüber liegenden leeren Landau-Niveau befindet. Eine Begründung dafür liefert das sogenannte Randkanalmodell. Dieses Randkanalmodell würde an dieser Stelle aber nur Verwirrung stiften, weil die Grundlagen dafür in diesem Buch noch nicht erklärt wurden. Wer das

Abb. 2.6 Hall-Geometrie. Die Spannung V_x zeigt den SdH-Effekt, V_y den Hall- und Quanten-Hall-Effekt. (Nach Ahlswede 2002)

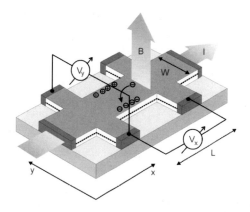

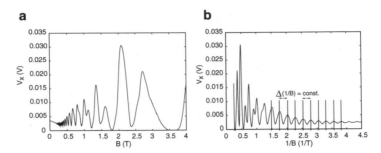

Abb. 2.7 a Typische SdH-Daten eines GaAs-AlGaAs-HEMT gemessen bei $T = 4.2K$. **b** Zur besseren Auswertung wurden die Daten über B und $1/B$ geplottet. Wenn man genau hinschaut, sieht man bereits in den Originaldaten eine Hüllkurve, die von einer geringen Elektronendichte in einem zweiten besetzten Subband stammt. Hausaufgabe: Bestimmen Sie die Dichten in beiden Subbändern

nicht glaubt, soll bitte auf Wikipedia nachsehen. Glauben Sie also bitte in religiöser Demut vorläufig an diesen Sachverhalt; das Randkanalmodell kommt dann in Kap. 4. Eine klassische Begründung für den Shubnikov-de-Haas-Effekt gibt es auch, dazu müssen Sie aber erst den nachfolgenden Abschnitt über den Quanten-Hall-Effekt bis zum Schluss durchlesen und natürlich auch verstehen.

Zurück zum SdH-Effekt: Betrachten wir nun ein Widerstandsmaximum, bei dem das Fermi-Niveau in der Mitte des n-ten Landau-Niveaus liegt, also bei

$$E_F = n \cdot \hbar\omega_c = n \cdot \hbar \frac{eB^n}{m^*}. \tag{2.62}$$

Die Nullpunktsenergie von $\frac{1}{2}\hbar\omega_c$ vernachlässigen wir einfach. Reduzieren wir nun das Magnetfeld. Damit wird der Abstand zwischen den Landau-Niveaus und auch die Zustandsdichte in den Landau-Niveaus geringer. Irgendwann reicht die zur Verfügung stehende Anzahl der Zustände für die vorhandene Anzahl der Elektronen nicht mehr aus, und das Fermi-Niveau muss in das Landau-Niveau $(n + 1)$ springen. Das nächste Widerstandsmaximum wird beobachtet, aber dieses Mal unter der Bedingung

$$E_F = (n + 1)\hbar\omega_c = (n + 1)\hbar\frac{eB^{\overbrace{n + 1}^{\text{Index}}}}{m^*}. \tag{2.63}$$

Da aber bei allen beobachteten Widerstandsmaxima das Fermi-Niveau auf gleicher Höhe liegt, gilt natürlich

$$E_F = n \cdot \hbar\omega_c = n \cdot \hbar\frac{eB^n}{m^*} = (n + 1)\hbar\frac{eB^{\overbrace{n + 1}^{\text{Index}}}}{m^*}. \tag{2.64}$$

Alle Stellen, bei denen Widerstandsmaxima auftreten, kann man auch als Funktion von $1/B$ anschreiben:

$$\frac{1}{B^n} = n \cdot \frac{\hbar e}{m^*} \cdot \frac{1}{E_F} \tag{2.65}$$

Das nächste benachbarte Maximum liegt bei

$$\frac{1}{B^{n+1}} = (n + 1) \cdot \frac{\hbar e}{m^*} \cdot \frac{1}{E_F}. \tag{2.66}$$

Berechnen wir doch einmal den Abstand der Widerstandsmaxima in $1/B$:

$$\Delta \frac{1}{B} = \frac{1}{B^{n+1}} - \frac{1}{B^n} = [(n + 1) - n] \cdot \frac{\hbar e}{m^*} \cdot \frac{1}{E_F} \tag{2.67}$$

Man sieht, dass der Abstand der Widerstandsmaxima konstant in $1/B$ ist. Jetzt brauchen wir nur noch das Fermi-Niveau E_F einsetzen, das wir über die Gleichung für die 2-D-Zustandsdichte bekommen:

$$E_F^{2D} = n_{2D} \frac{2\pi \hbar^2}{g_s g_v m^*} \tag{2.68}$$

In dieser Gleichung gibt es noch die Faktoren für $g_s = 2$ und $g_v = 1$ für die Spin- und Valley-Entartung im GaAs zu berücksichtigen, und man erhält

$$\Delta \frac{1}{B} = \frac{\hbar e}{m^*} \cdot \frac{g_s g_v m^*}{n_{2D} 2\pi \hbar^2} = \frac{e g_s g_v}{\hbar n_{2D} 2\pi}. \tag{2.69}$$

Daraus folgt (bei nur einem besetzten 2-D-Subband) für die Elektronendichte

$$n_{2D} = \frac{e g_s g_v}{2\pi \hbar} \cdot \frac{1}{\Delta \frac{1}{B}}. \tag{2.70}$$

Merke: Der SdH-Effekt ist ausschließlich auf 2-D-Elektronen sensitiv, aber nicht auf irgendwelche Parallelleitungseffekte. Des Weiteren, und das ist erstaunlich, spielt die effektive Masse überhaupt keine Rolle bei dieser Auswertung.

Der SdH-Effekt liefert aber nicht nur die Elektronendichte, sondern auch noch die Elektronenbeweglichkeit sozusagen gratis mit dazu. Der benötigte Trick hierzu ist besonders einfach, man braucht nur die Beziehung

$$\omega_c \tau \geq 1, \tag{2.71}$$

wobei ω_c die Zyklotronfrequenz ist und τ die Streuzeit aus der Beweglichkeit aus dem Drude Modell aus Teil I dieses Buches. Klassisch bedeutet diese Beziehung, dass die Elektronen auf den Kreisbahnen der Landau-Niveaus ungestreut mindestens

eine volle Umdrehung machen können. Wir erinnern uns nun an folgende Formeln
für die Zyklotronfrequenz

$$\omega_c = eB/m^* \tag{2.72}$$

und für die Beweglichkeit

$$\mu = e\tau/m^*, \tag{2.73}$$

setzen ein und erhalten die überraschende, aber korrekte Beziehung

$$\mu = 1/B. \tag{2.74}$$

Vorsicht mit der Einheit der Beweglichkeit, denn die ist gerne $\left[\frac{cm^2}{Vs}\right]$. Wenn Sie
damit irgendetwas Konkretes ausrechnen wollen, dann lohnt sich die Umrechnung
auf $\left[\frac{m^2}{Vs}\right]$; damit haben Sie eine beliebte Fehlerquelle weniger. Jetzt schauen wir in
Abb. 2.8 nach, sehen, dass die letzten SdH-Oszillationen bei $B = 0.42$ T verschwinden, und bekommen für die Beweglichkeit einen Wert von $\mu = 23\,800\frac{cm^2}{Vs}$ in den
üblichen Einheiten. Da man natürlich niemals etwas ungeprüft glauben sollte, vergleichen wir diesen Wert mit der Driftbeweglichkeit in Teil I dieses Buches. Dazu
brauchen wir die Elektronendichte z. B. aus der Hall-Spannung, welche man über die
Beziehung $n_{2D} = IB/eV_H$ erhalten kann. Mit der Information, dass der Strom in
dieser Messung 1μA war, erhält man $n_{2D} = 6.2 \cdot 10^{11} cm^{-2}$. Den Probenwiderstand
von $4.7k\Omega$ bekommt man aus V_x und dem Strom, und schließlich erhält man mit
$W/L = 1$

$$\mu_{drift} = \frac{L}{W}\frac{1}{en_{2D}R}, \tag{2.75}$$

den Wert von $\mu = 21\,448 cm^2/Vs$, was im Rahmen der üblichen experimentellen
Fehler ausgezeichnet mit dem Wert aus der SdH-Messung übereinstimmt. Großer
Vorteil dieser Methode: SdH-Messungen kann man auf beliebigen Probengeome-
trien, im Extremfall sogar auf unförmigen Probensplittern machen. Man muss nur
das Magnetfeld finden, wo der SdH-Effekt verschwindet. Die Daten sind dann vielleicht nicht wirklich schön, aber funktionieren tut das immer.

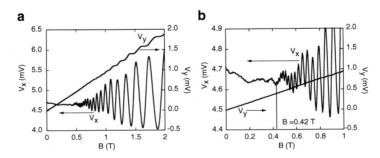

Abb. 2.8 SdH-Daten eines typischen HEMT. **a** Die gesamte Messung und **b** ein Zoom der Daten in
der Nähe von $B = 1$T Die letzten SdH-Oszillationen verschwinden bei $B = 0.42$T, das entspricht
einer Beweglichkeit von $23\,800 cm^2/Vs$. Hausaufgabe: Nachrechnen

2.4.3   Der Quanten-Hall-Effekt

Zuerst ein wenig Experimentelles. Abb. 2.9 zeigt nochmals die Skizze einer geätzten
Mesastruktur in einer typischen Hall-Geometrie (Das Wort ‚Mesa' stammt von der
Form der Berge im Monument Valley in den USA). Ein Strom I wird zwischen den
beiden großen Endkontakten in die Probe eingespeist, und zwischen den seitlichen
Potentialkontakten werden der longitudinale und transversale Spannungsabfall V_x
bzw. V_y als Funktion des homogenen senkrechten Magnetfeldes B gemessen.

In Abb. 2.10 sieht man den ganzzahligen Quanten-Hall-Effekt, gemessen in einer
GaAs-AlGaAs-Heterostruktur bei $T = 8$ mK, und das sind ziemlich frostige Temperaturen, die nur in speziellen Kryostaten erreichbar sind. Sehr schön sichtbar sind
bei diesen Bedingungen die typischen Stufen im Hall-Widerstand R_{xy} und zusätzlich ein bei höheren Magnetfeldern verschwindender Längswiderstand R_{xx}, um den
wir uns später noch gesondert kümmern müssen. Die Spinaufspaltung ist nur bei B
> 3 T beobachtbar. Zusätzlich skizziert ist der klassische lineare Verlauf des Hall-
Widerstandes. Er schneidet die Kurve jeweils bei ganzzahligen ν Faktoren, etwa in

Abb. 2.9 Ein 2-DEG in
Hall-Geometrie. Die
Spannung V_x zeigt den
SdH-Effekt, V_y den Hall-
und Quanten-Hall-Effekt.
Mit Hilfe der Gatespannung
V_g kann bei Bedarf die
Elektronendichte variiert
werden

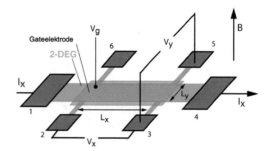

Abb. 2.10 Ganzzahliger
Quanten-Hall-Effekt auf
einer GaAs-AlGaAs-
Heterostruktur, gemessen bei
$T = 8$ mK. Hinweis: Die
Beweglichkeit der Probe ist
übrigens nicht überragend,
da die zugehörigen
Shubnikov-de-Haas-
Oszillationen bei ca. $B = 1$ T
verschwinden (Ebert et al.
1982). Hausaufgabe:
Bestimmen Sie die
Beweglichkeit der Probe

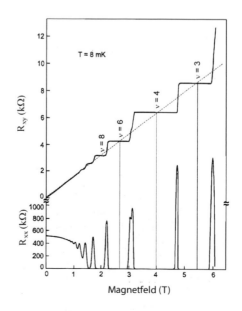

der Plateaumitte. Um den Quanten-Hall-Effekt verstehen zu können, braucht es eine kurze Wiederholung der relevanten Hall-Gleichungen. Elektrische Transportexperimente an zweidimensionalen Elektronengasen werden üblicherweise mit Proben durchgeführt, welche eine Hall-Geometrie besitzen. In Band I dieses Buches, Kap. 7 (Klassischer Elektronentransport), hatten wir die Stromdichte so hingeschrieben:

$$j = ne\vec{v} = \sigma \vec{E}, \tag{2.76}$$

Dabei war σ ein Tensor:

$$\sigma = \begin{pmatrix} \sigma_{xx} & \sigma_{xy} \\ \sigma_{yx} & \sigma_{yy} \end{pmatrix} \tag{2.77}$$

Ist n_{2D} die Dichte der Elektronen pro Flächeneinheit, so bekommt man für die Stromdichte mit

$$\sigma_0^{2D} = \frac{e^2 n}{m^*} \tau \tag{2.78}$$

und eingesetztem Leitfähigkeitstensor für das zweidimensionale System folgende Formel:

$$\begin{pmatrix} j_x \\ j_y \end{pmatrix} = \begin{pmatrix} \sigma_{xx} & \sigma_{xy} \\ \sigma_{yx} & \sigma_{yy} \end{pmatrix} \begin{pmatrix} E_x \\ E_y \end{pmatrix} = \frac{\sigma_0}{1+\omega_c^2\tau^2} \begin{pmatrix} 1 & \omega_c\tau \\ -\omega_c\tau & 1 \end{pmatrix} \begin{pmatrix} E_x \\ E_y \end{pmatrix} \tag{2.79}$$

Da der Leitfähigkeitstensor und der Widerstandstensor invers zueinander sind, können wir durch Invertieren der obigen Matrix (tunlichst mit *Wolfram Alpha* und ja nicht mit der eigenen Hand) folgende Beziehungen ableiten:

$$\rho_{xx} = \frac{\sigma_{xx}}{\sigma_{xx}^2+\sigma_{xy}^2} \quad \rho_{xy} = \frac{-\sigma_{xy}}{\sigma_{xx}^2+\sigma_{xy}^2} \ . \\ \rho_{yy} = \rho_{xx} \quad\quad \rho_{yx} = -\rho_{xy} \tag{2.80}$$

Umgekehrt geht das natürlich auch:

$$\sigma_{xx} = \frac{\rho_{xx}}{\rho_{xx}^2+\rho_{xy}^2} \quad \sigma_{xy} = \frac{-\rho_{xy}}{\rho_{xx}^2+\rho_{xy}^2} \\ \sigma_{yy} = \sigma_{xx} \quad\quad \sigma_{yx} = -\sigma_{xy} \tag{2.81}$$

Halt, Stopp, und Auszeit. Gut, das waren viele Matrizen, und Ihr Gehirn ist daher wohl etwas eingeschlafen. Genau das ist der Grund dafür, dass Sie vermutlich nicht bemerkt haben, dass in Gl. 2.81 etwas eher Seltsames steht, nämlich, dass die Leitfähigkeit proportional zum Widerstand ist. Warum? Fragen Sie den Leitfähigkeitstensor, der kann so etwas auf magische Art und Weise, eine anschauliche Erklärung dafür habe ich bis heute noch nicht gehört. Dennoch das Ganze bitte nicht sofort wieder vergessen, wir brauchen das Ganze nochmals etwas weiter hinten im Text.

Weiter gehts. Im Hall-Experiment wird ein Strom in Längsrichtung (x-Richtung) vorgegeben, und es werden die Längs- und Querspannung gemessen. Es gilt:

$$V_x = \rho_{xx} L_x \cdot j_x \Rightarrow \rho_{xx} = \frac{V_x}{j_x L_x}$$
$$V_y = \rho_{xy} L_y \cdot j_x \Rightarrow \rho_{xy} = \frac{V_y}{j_x L_y} \tag{2.82}$$

Wenden wir uns nun dem Quanten-Hall-Effekt zu. Im Experiment zeigt der Hall-Widerstand bei hohen Magnetfeldern ($\omega_c \tau \gg 1$) die sogenannten Hall-Plateaus. Die Höhe des Widerstandsplateaus für das i-te Niveau ist $R_H = \frac{h}{e^2 i}$ und hängt nur von Naturkonstanten ab und ist außerdem extrem präzise. Der Quanten-Hall-Effekt findet daher in Eichämtern als Widerstandsnormal Verwendung (Nobelpreis für Klaus von Klitzing et al. 1980). Für eine Erklärung der Lage der Plateaus braucht es zwei Tricks. Nobelpreistrick Nummer 1: Man muss erkennen, wo man günstig die Näherung $\omega_c \tau \to \infty$ (sehr große Elektronenbeweglichkeit) zum Einsatz bringen kann:

$$\sigma_{xy} = \frac{\sigma_0}{1 + \omega_c^2 \tau^2} \cdot \omega_c \tau = \frac{\sigma_0}{1/\omega_c \tau + \omega_c \tau} \xrightarrow{\omega_c \tau \to \infty} \frac{\sigma_0}{\omega_c \tau}$$
$$\frac{\sigma_0}{\omega_c \tau} = \frac{e^2 n}{m^*} \tau \cdot \frac{1}{\tau \cdot eB/m^*} = \frac{ne}{B} \tag{2.83}$$

Die Zustandsdichte pro Landau-Niveau (siehe oben) ist $D_j = \frac{eB}{h}$. Plateaus sind dort, wo i Landau-Niveaus gerade voll sind. Die Anzahl der Elektronen bei i gefüllten Landau-Niveaus ist $n = i \cdot \frac{eB}{h}$. Daraus folgt

$$\sigma_{xy} = \frac{e n}{B} = \frac{ie(eB/h)}{B} = \frac{e^2 i}{h}. \tag{2.84}$$

Umrechnen auf ρ_{xy} liefert (das ist Nobelpreistrick Nummer 2)

$$\rho_{xy} = \frac{\sigma_{xy}}{\sigma_{xx}^2 + \sigma_{xy}^2}. \tag{2.85}$$

Mit $\omega_c \tau \to \infty$ gilt aber

$$\sigma_{xx} = \frac{\sigma_0}{1 + \omega_c^2 \tau^2} = 0, \tag{2.86}$$

und damit ist der Hall-Widerstand

$$\rho_{xy} = \frac{1}{\sigma_{xy}} = \frac{h}{e^2 i}. \tag{2.87}$$

Wichtig: Auf normalen Proben und bei für Physiker normalen Temperaturen, also bei $T = 4.2\,\mathrm{K}$, ist im Experiment die Spinentartung bei moderaten Magnetfeldern ($B \leq$

8 T) noch nicht aufgehoben, so dass die Quantisierung zunächst in Zweierschritten erfolgt. Die obige Gleichung ändert sich damit zu

$$\rho_{xy} = \frac{h}{2e^2 i} \, . \tag{2.88}$$

Sollte man auf die Idee kommen, das Experiment mit einem Si-MOSFET machen zu wollen, so käme noch der Valley-Entartungsfaktor g_v hinzu ($g_v = 6$ für Silizium; Details bitte in Kap. 4 (Halbleiterstatistik) im Teil I dieses Buches nachlesen):

$$\rho_{xy} = \frac{h}{2g_v e^2 i} \tag{2.89}$$

Und das war jetzt schon die ganze, gar nicht so komplizierte Geschichte, und wir lernen, dass auch eine lästige, kleine, analytische Matrixinversion durchaus einen Nobelpreis bringen kann.

Letzter Punkt: Warum verschwindet der Längswiderstand an den Stellen der Hall-Plateaus in Hallgeometrie, oder was ist die Ursache für den Shubnikov-de-Haas-Effekt und die Minima im Magnetowiderstand auf beliebig geformten Proben? Schauen wir doch mal auf die Gleichung für ρ_{xx} von weiter oben (Gl. 2.81).

$$\rho_{xx} = \frac{\sigma_{xx}}{\sigma_{xx}^2 + \sigma_{xy}^2} \tag{2.90}$$

Am Hall-Plateau, haben wir gerade oben gesehen, ist $\sigma_{xx} = 0$, also ist auch $\rho_{xx} = 0$ und damit gilt auch $V_x = 0$.

Schlussbemerkung: Diese Theorie erklärt zwar die Lage der Hall-Plateaus und sogar den verschwindenden Längswiderstand und damit den Shubnikov-de-Haas-Effekt, aber nicht die Breite der Plateaus. Dazu braucht man so Dinge wie

- Lokalisierte Zustände (localized states),
- Ausgedehnte Zustände (extended states).
- Randkanäle (edge states).

und die werden, weil sie dort hingehören, sogleich im Kapitel über eindimensionale (!) Elektronensysteme diskutiert. Vorher braucht es aber noch etwas Geduld, denn wir müssen erst noch einen Blick auf zweidimensionale Elektronensysteme im transversalen Magnetfeld werfen, denn diese Grundlagen braucht man unbedingt und dringend zum Recycling bei den eindimensionalen Elektronensystemen.

2.5   Das 2-DEG im transversalen Magnetfeld

Zum leichteren Verständnis von zweidimensionalen Elektronensystemen im transversalen Magnetfeld, reisen wir vom Quanten-Hall-Effekt aus nochmals um zehn

Jahre in der Zeit zurück, landen in den 1970ger Jahren, und betrachten dort, unauffällig aber gründlich, den Kanal eines GaAs-Feldeffekt-Transistors, im Detail den Kanal eines JFET (siehe Band I dieses Buches, Kap. 5).

Damit Sie Teil I des Buches nicht extra kaufen müssen, zeigt Abb. 2.11a den schematischen Aufbau eines GaAs-JFETs inklusive externer Beschaltung (nach Poole et al. 1982). Einen Silizium-JFET kann man hier nicht verwenden, denn für die gesuchten Quanteneffekte ist die Elektronenbeweglichkeit im Silizium zu klein. Die GaAs-Epischicht hat eine Dotierung von $N_D = 2 \cdot 10^{17} \text{cm}^{-3}$ und eine Dicke von 100 nm. Abb. 2.11b zeigt einen Schnitt durch die Potentiallandschaft des JFET in z-Richtung. Die Magnetfeldkonfigurationen für die Magnetotransportexperimente sind ebenfalls eingezeichnet. Leider gibt es in der Publikation von Poole et al. (1982) ein paar Unstimmigkeiten zwischen der Abb., und dem, was im Text steht. Im Bild in der Publikation gibt es noch eine undotierte GaAs-Schicht zur Reduktion der Leckströme auf dem p^+-Substrat, im Text steht aber, diese Schicht sei unabsichtlich dotiert. Das bedeutet jedoch, dass die Schicht eher schwach p-dotiert ist. Auch die Dicke der undotierten Schicht (2 μm) passt nicht zur Schemazeichnung in der Publikation und auch nicht zum Schnitt durch die Potentiallandschaft. Herauszufinden, wie es wirklich war, ist leider unmöglich, aber wenn wir annehmen, dass die Dicke dieser Schicht nicht 2 μm, sondern vernachlässigbar dünn gegenüber der Dicke der n-GaAs-Schicht ist, haben wir in Summe den geringsten Ärger bei den folgenden Abschätzungen.

Um auch nur irgendetwas Quantitatives aussagen zu können, brauchen wir einen analytischen Ausdruck für den Potentialverlauf $V(z)$ in Abb. 2.11b. Ganz vernünftig

Abb. 2.11 **a** Schematischer Aufbau einer JFET-Struktur. **b** Schnitt durch das elektrostatische Potential im Kanalbereich des JFET. Die verwendeten Magnetfeldkonfigurationen $B_\perp$ und $B_\parallel$ sind ebenfalls eingezeichnet. (Nach Poole et al. 1982)

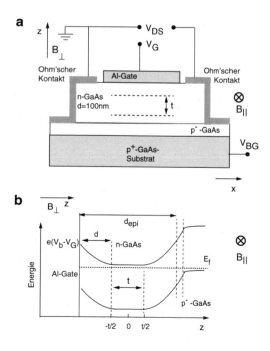

ist

$$V(z) - V_G = \frac{eN_D}{2\varepsilon\varepsilon_0}(|z| - t/2)^2 \tag{2.91}$$

für $|z| \geq t/2$ und Null sonst. V_G ist die Gatespannung, V_{BG} sei die Spannung am Backgate, und t sei die nominelle Kanaldicke ohne die Verarmungszonen am Rand des Kanals. Diese Verarmungszonen sind ohne angelegte Spannungen gleich breit und haben die Breite d. Nehmen wir $V_G = V_{BG}$, bekommen wir für $t = 0$ einen schönen harmonischen Oszillator der Form

$$\frac{m^*}{2}\omega_0^2 z^2 = \frac{m^*}{2}\frac{e^2 N_D}{\varepsilon\varepsilon_0 m^*}z^2 \tag{2.92}$$

mit

$$\omega_0 = \left(\frac{e^2 N_D}{\varepsilon\varepsilon_0 m^*}\right)^{1/2} \tag{2.93}$$

und mit den Energieniveaus

$$E_n = \hbar\omega_0 (n + 1/2). \tag{2.94}$$

Ist die Kanaldicke $t > 0$, sehen bei $B = 0$ die Energien angeblich so aus:

$$E_n = \left\{-\frac{\omega_0 t}{2\pi}(2m^*)^{1/2} + \left[\hbar\omega_0\left(n + \frac{1}{2}\right) + 2m^*\left(\frac{\omega_0 t}{2\pi}\right)^2\right]^{1/2}\right\}^2 \quad (n = 0, 1, 2) \tag{2.95}$$

Das behauptet jedenfalls Poole et al. (1982), der sagt, das sei die semiklassische Bohr-Sommerfeld-Quantisierungsregel, die er irgendwie aus dem Buch von Landau und Lifshitz (1979) für seine Zwecke zusammengestöpselt hat. Ich habe versucht das nachzurechnen, bin aber kläglich gescheitert. Na ja, es wird schon passen, und irgendwem muss man am Ende ja immer glauben.

Ehe wir uns den Experimenten im transversalen Magnetfeld widmen, müssen wir unbedingt nochmals einen detaillierten Blick auf die Kanaldicke t in Abb. 2.11b werfen. Die Kanaldicke t sollten Sie mit den obigen Probenparametern und mit Hilfe von Kap. 5, in Band I dieses Buches ('Der pn-Übergang und seine Freunde') als Funktion der Gatespannung ohne große Probleme ausrechnen können. Hausaufgabe: Tun Sie das, denn das ist lehrreich. Jetzt vergleichen wir das Resultat mit dem Zyklotronradius, der leicht mit Gl. 2.47 und 2.50

$$r_{B,n} = l_B \sqrt{2n + 1} \tag{2.96}$$

$$l_B = \sqrt{\frac{\hbar}{eB}} \tag{2.97}$$

aus Abschn. 2.4 zu berechnen ist, und wir erkennen: Je nach Gatespannung und Magnetfeld kann die Zyklotronbahn im transversalen Magnetfeld in den Kanal passen-, oder auch nicht, und die Frage ist: Was passiert dann? Antwort: Das sagt uns ein Experiment.

2.5.1 Dicke 2-D-Kanäle ($t \geq 0$) in $B_\perp$- und $B_\parallel$-Konfiguration

Abb. 2.12 zeigt die experimentellen Magnetowiderstandsdaten für unterschiedlich dicke Kanäle im normalen und transversalen Magnetfeld. Aber wäh und igitt, im Vergleich zu dem, was man auf GaAs-AlGaAs-Heterostrukturen im Magnetfeld sieht, sind diese Daten einfach nur ranzig! Von schönen Widerstandsoszillationen keine Spur, und man muss sogar die differentielle Leitfähigkeit $\sigma = dI_D/dV_G$ oder den differentiellen Widerstand dR/dV_G bemühen, um auch nur irgendwas zu erkennen. Vom Quanten-Hall-Effekt gibt es natürlich erst recht keine Spur. Na gut, sei es, wie es ist, aber was sieht man da jetzt, und warum ist das so? Auf den ersten Blick sieht alles aus wie normale, aber nicht sehr schöne SdH-Oszillationen. Für eine Kanaldicke von 68 nm sehen die Messdaten für ein normales und transversales Magnetfeld identisch aus, was dafür spricht, dass die Zyklotronbahn hier in beiden Konfigurationen in den Kanal passt (nachrechnen!). Für die Kanaldicke von 32 nm gibt es im normalen Magnetfeld praktisch keine Unterschiede im Vergleich zum breiten Kanal, im transversalen Magnetfeld hingegen sehr wohl. Diesen Unterschied werden wir uns genauer ansehen müssen, denn obwohl diese Geschichte für 2-D-Systeme eher langweilig ist, wird der identische Formalismus bei den 1-D-Systemen nochmals aufgekocht, und dort ist er dann von strategischer Wichtigkeit.

Die im Vergleich zu den SdH-Oszillationen auf GaAs-AlGaAs-HEMTS ausgewaschenen Oszillationen lassen sich in einem Zustandsdichtemodell auf einfache Weise erklären. In einem schönen zweidimensionalen Elektronengas wie in einem HEMT sahen die Energieniveaus im Magnetfeld ($B_\perp$) folgendermaßen aus

$$E_n = \hbar\omega_c\left(n + \frac{1}{2}\right) + E_m^z, \tag{2.98}$$

wobei E_n die Energien der Landau-Niveaus durch die kreisförmige Bewegung in xy-Richtung repräsentiert, und E_m^z die Energien der 2-D-Subbänder durch die Quantisierung in z-Richtung sind. Als Zustandsdichte bekommen wir dann für jedes elektrische Subband E_m^z zusätzlich eine Serie von equidistanten δ-förmigen Peaks (Abb. 2.13 a). In Abschn. 2.4.2 über den SdH-Effekt in 2-D-Elektronengasen hatten wir dann noch

Abb. 2.12 Magnetowiderstandsoszillationen im JFET für zwei unterschiedliche Kanaldicken (32 nm und 68 nm). Bei einer Kanaldicke von 32 nm gibt es wegen der 'magnetic-depopulation'-Effekte klare Unterschiede zwischen den Daten in der $B_\perp$- und $B_\parallel$-Konfiguration. (Nach Berggren et al. 1986)

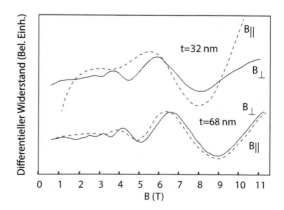

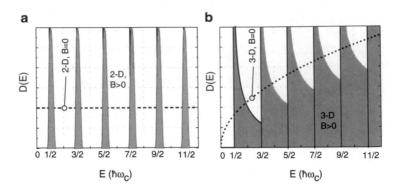

Abb. 2.13 Zustandsdichte im Magnetfeld für ein zweidimensionales **a** und dreidimensionales Elektronensystem **b** im Magnetfeld. Die Zustandsdichten für $B = 0\,T$ sind durch die gestrichelten Linien gekennzeichnet. (Nach Gross und Marx 2014)

gelernt, dass Widerstandsmaxima im Magnetowiderstand immer dann auftauchen, wenn sich das Fermi-Niveau zwischen zwei Landau-Niveaus befindet. Dort ist die Zustandsdichte nahezu null, und der Magnetowiderstand somit sehr hoch. Da in der Praxis wegen der geringen Elektronendichte meist auch nur ein elektrisches Subband besetzt ist, bekommt man dann schöne SdH-Daten, wie man sie z. B. in Abb. 2.8 bewundern kann.

Im dreidimensionalen Fall, also für dicke Kanäle in einem JFET, sieht die Sache anders aus. Hier bekommen wir für die Energien im Magnetfeld sowohl für die $B_\perp$- als auch für die $B_\parallel$-Konfiguration die Formel

$$E_n = \hbar\omega_c\left(n + \frac{1}{2}\right) + \frac{\hbar^2 k_x^2}{2m^*}. \tag{2.99}$$

Hier sagt uns Gl. 2.99, dass wir nun für die gesamte Zustandsdichte im Magnetfeld eine Summe von eindimensionalen Zustandsdichten im Abstand der Landau-Niveaus bekommen (Abb. 2.13b). Schiebt man das Fermi-Niveau per Gatespannung durch diese Zustandsdichte oder die Zustandsdichte mittels Magnetfeld durch das Fermi-Niveau, erhält man ein oszillatorisches Verhalten. Null wird die Zustandsdichte bei dieser Vorgangsweise jedoch niemals, kein Wunder also, dass die SdH-Oszillationen für 3-D-Systeme deutlich schwächer ausgeprägt sind als im 2-D-Fall.

2.5.2 Dünne 2-D-Kanäle ($t = 0$) in $B_\perp$- und $B_\parallel$-Konfiguration

Im JFET verhalten sich Elektronen in dünnen Kanälen bei Magnetotransportexperimenten in $B_\perp$-Konfiguration genau gleich wie Elektronen in dicken Kanälen und zeigen die ausgewaschenen SdH-Oszillationen im Magnetowiderstand aus Abb. 2.12. Das wundert einen zunächst schon ein wenig, denn eigentlich hätte man ein halbwegs schönes 2-D-Verhalten wie beim HEMT erwartet, aber die dünnen Kanäle im JFET sind im Vergleich zu den Kanälen im HEMT wohl noch nicht dünn genug, und außerdem ist die Elektronenbeweglichkeit im JFET im Vergleich zum HEMT nicht wirklich berauschend.

In $B_\parallel$-Konfiguration ist die Situation anders. Nehmen wir für eine einfache Modellrechnung an, dass durch genügend hohe Gatespannungen für die Kanaldicke t in Gl. 2.91 $t = 0$ gilt. Noch höhere Spannungen an den Gates sind dann nur noch bedingt sinnvoll, denn man reduziert damit lediglich die Elektronenkonzentration im Kanal. Die Potentialform (der Wert von ω_0; Gl. 2.93) ändert sich durch die Gatespannung nicht, denn die wird nur durch die Kanaldotierung bestimmt. Das Magnetfeld sei moderat und der zugehörige Zyklotronradius noch größer als die Breite der Verarmungszone, d (Abb. 2.11b). Anders ausgerückt: Der Kanal hat jetzt eine rein parabolische Form, und der Durchmesser der Zyklotronbahn passt wegen des zu geringen Magnetfeldes noch nicht in den Kanal. Herkömmliche Landau-Niveaus gibt es damit in diesem Gatespannungs- und Magnetfeldbereich im Kanal des JFET natürlich auch nicht (Hausaufgabe: Nachrechnen).

Wollen wir in unserem Modell irgendetwas ausrechnen, müssen wir also zwei parabolische Potentiale addieren, nämlich das elektrostatische Potential der Raumladungszone und das harmonische Oszillatorpotential des Magnetfeldes. Um das richtig zu machen, braucht es nochmal einen Blick auf Gl. 2.11. Hier haben wir ein elektrostatisches Potential in z-Richtung, ein ‚magnetisches Potential‘ in z-Richtung und eine freie Bewegung in x- und y-Richtung, also die ebenen Wellen $\Psi(x) = \frac{1}{\sqrt{L_x}} e^{ik_x x}$ und $\Psi(y) = \frac{1}{\sqrt{L_y}} e^{ik_y y}$. L_x und L_y sind irgendwelche Normierungskonstanten. $\Psi(y)$ kann uns völlig egal sein, denn das ist eine ebene Welle parallel zum angelegten Magnetfeld, die auch vom elektrostatischen Potential nicht beeinflusst wird. Wir haben in unserem Magnetfeld also die Schrödinger-Gleichung

$$-\frac{\hbar^2}{2m^*}\left[\frac{\partial^2}{\partial x^2} + \left[\frac{\partial}{\partial y} - \frac{ieB}{\hbar}z\right]^2\right]\Psi(x,y) + \underbrace{\frac{m^*}{2}\omega_0^2 z^2}_{\substack{\text{elektrostatisches} \\ \text{Potential}}}\Psi(x,y) = E\Psi(x,y),$$

(2.100)

und erhalten mit $\Psi(z,x) = \Psi(z)e^{ik_x x}$ die Formel

$$\left[-\frac{\hbar^2}{2m^*}\frac{\partial^2}{\partial z^2} + \frac{1}{2}m^*\omega_c^2(z - Z_0)^2 + \frac{m^*}{2}\omega_0^2 z^2\right]\Psi(z) = E\Psi(z).$$
(2.101)

In dieser Formel ist $\omega_c = \frac{eB}{m^*}$ natürlich wieder die Zyklotronfrequenz und $Z_0 = \frac{\hbar k_x}{m^*\omega_c}$ die sogenannte Zentrumskoordinate, die eigentlich einen Energienullpunkt für die Energie $E(k_x)$ darstellt. Details zur Herleitung dieser Formeln stehen bei den 1-D-Systemen in Abschn. 4.6 weiter hinten im Buch, aber Vorsicht, dort wird zwar derselbe Formalismus wie hier verwendet, aber das Koordinatensystem liegt anders. Wer jetzt nach hinten blättern möchte, möge das bitte bleiben lassen, denn sonst geht der rote Faden im Text verloren. Wählen wir stattdessen hier besser die religiöse Vorgangsweise und glauben, dass sich das elektrostatische Potential und ‚magnetische Potential‘ über die Formel

$$\omega^2 = \omega_0^2 + \omega_c^2$$
(2.102)

addieren lassen. Die zugehörigen von k_x abhängigen Energiewerte sind

$$E_n(k_x) = (n + 1/2)\hbar\omega + \frac{\hbar^2 k_x^2}{2m_{eff}(B)}, \qquad (2.103)$$

wobei $n = 0, 1, 2, \dots$ und

$$m_{eff}(B) = m^* \frac{\omega^2}{\omega_0^2} \qquad (2.104)$$

ist.

Um zu sehen, was das bringt, müssen wir zurück zu den experimentellen Magnetotransport-Daten des JFET in Abb. 2.12, im Detail zu den Daten für die Kanaldicke von t=32 nm. Bei kleinen Magnetfeldern tut sich erst einmal gar nichts. Bei höheren Feldern zeigt sich dann ein oszillatorisches Verhalten, das aber nicht in irgendein SdH-Schema passt. Was passiert, kann man mit Gl. 2.102 und 2.103 erklären. Sagen wir, dass gleich wie beim SdH-Effekt, der Widerstand dann maximal wird, wenn ein Energieniveau E_n per Magnetfeld aus dem Fermi-See über das konstant liegende Fermi-Niveau gehoben wird. Auf Englisch nennt man das ‚magnetic depopulation'. Da in Gl. 2.102 für kleine Magnetfelder ω_0 viel größer ist als ω_c, erhöht sich die Lage der Energieniveaus zunächst nur wenig, und die erste Oszillation zeigt sich erst bei $B = 4\,\mathrm{T}$. Anschließend beginnt ω_c, das Verhalten zu bestimmen und die Oszillationen halten so lange an, bis nur noch das unterste Energieniveau E_0 besetzt ist. Benutzen kann man das Ganze dazu, den Wert von ω_c zu bestimmen, aber auch um Inter-Subband-Streuprozesse in 2-D-Systemen zu studieren. Details dazu können z. B. in den Arbeiten von Englert et al. (1983), Heisz und Zaremba (1993) und Sander et al. (1986) oder in der Dissertation von Nealon (1984) im Selbststudium nachgelesen werden.

Literatur

Ahlswede E (2002) Potential- und Stromverteilung beim Quanten-Hall-Effekt bestimmt mittels Rasterkraftmikroskopie. Dissertation, Universität Stuttgart. https://doi.org/10.18419/opus-6505

Ando T, Fowler AB, Stern F (1982) Electronic properties of two-dimensional systems. Rev Mod Phys 54(2):437. https://doi.org/10.1103/RevModPhys.54.437

Berggren KF, Newson DJ (1986) Magnetic depopulation of electronic subbands in low-dimensional semiconductor systems and their influence on the electrical resistivity and Hall effect. Semicond. Sci Technol 1:327

Datta S (1995) Electronic transport in mesoscopic systems. Cambridge University Press, Cambridge. ISBN 9780521599436

Ebert G, Klitzing Kv, Probst C, Ploog K (1982), Magneto-quantumtransport on GaAs-AlGaAs heterostructures at very low temperatures. Solid State Commun, 44, 95. https://www.sciencedirect.com/science/article/pii/0038109882904082

Englert Th, Maan JC, Tsui DC, Gossard AC (1983) A study of intersubband scattering in GaAs/AlxGaAs heterostructures by means of a parallel magnetic field. Solid State Commun 45(11):989–991. https://doi.org/10.1016/0038-1098(83)90974-2

Ferry DK, Goodnick SM, Bird J (2009) Transport in nanostructures, 2 Aufl. Cambridge University Press, Cambridge. ISBN-13: 978-0521877480

Gross R, Marx A (2014) Festkörperphysik. De Gruyter, Munich. ISBN 978-3-11-035869-8

Heinzel T (2003) Mesoscopic electronics in solid state nanostructures. Wiley-VCh, Hoboken. ISBN-13: 978-3527409327

Heisz JM, Zaremba E, Electronic structure of GaAs-AlGaAs heterojunctions in parallel magnetic fields, (1993) Semicond. Sci. Technol. 8:575. https://iopscience.iop.org/article/10.1088/0268-1242/8/4/016

Ihn T (2009) Nanostructures semiconductor: quantum states and electronic transport. Oxford University Press, New York. ISBN -13: 978-0199534432

Klitzing Kv, Dorda G, Pepper M, (1980) New method for high-accuracy determination of the fine-structure constant based on quantized Hall-resistance. Phys. Rev Lett 45:494. https://doi.org/10.1103/PhysRevLett.45.494

Landau LD, Lifshitz EM (1979) Lehrbuch der Theoretischen Physik, Quantenmechanik. Akademie, Berlin

Nealon MJ (1984) Quasi two-dimensional accumullation layer on n-type Indiumarsenide in tipped magnetic fields, Thesis (Ph.D.), The University of Oklahoma, Dissertation Abstracts International, Bd. 45–10, Section: B, S. 3268, https://shareok.org/bitstream/handle/11244/5300/8500627.PDF

Poole DA, Pepper M, Berggren KF, Hill G, Myron HW (1982) Magneto-resistance oscillations and the transition from three-dimensional to two-dimensional conduction in a Gallium Arsenide field effect transistor at low temperatures. J Phys C: Solid State Phys 15:L21

Sander TH, Holmes SN, Harris JJ, Maude DK, Portal JC (1986) Magnetoresistance oscillations due to intersubband scattering in a two-dimensional electron system. Surf Sci 361(362):564–568. https://doi.org/10.1016/0039-6028(96)00470-0

Sauer R (2009) Halbleiterphysik. Oldenburg, Munich. ISBN 978-3-486-58863-7

Snider G (2001), 1D-Poisson solver. University of Notre Dame, Notre Dame, IN 46556, USA. http://www.nd.edu/~gsnider/

Steiner T (2004) Semiconductor Nanostructures for Optoelectronic Applications, Artech House Publishers, Boston. ISBN-13: 978-1580537513

Tunnelprozesse in resonanten Tunneldioden

3

Inhaltsverzeichnis

3.1 Tunnelprozesse bei $B = 0$

Um Tunnelprozesse in zweidimensionalen Elektronenensystemen zu studieren braucht es ein geeignetes Testvehikel, und das ist eine Resonante Tunneldiode (RTD). Normalerweise und der Einfachheit halber nimmt man dazu GaAs-AlGaAs-Heterostrukturen, wir nehmen aber eine InGaAs-GaAsSb-RTD. Diese leistet alles, was eine GaAs-AlGaAs-RTD kann, hält aber im transversalen Magnetfeld noch ein paar zusätzliche Leckerlis bereit. Das zugehörige Bandprofil kann man in Abb. 3.1a bewundern. Zweidimensionale Elektronen gibt es im Emitter der RTD, wobei idealerweise nur ein 2-D-Subband (E_0^e) gefüllt sei. Die Niveaus E_0 und E_1 zwischen den Barrieren sind ebenfalls zweidimensional, aber leer. Was im Kollektor vorgeht, kann uns egal sein; der verschluckt einfach jedes Elektron, welches dorthin gelangt, und verursacht damit keinerlei Strukturen in der Kennlinie.

Legt man eine Spannung an die RTD an, so wird das Niveau im Emitter mit einem Niveau zwischen den Barrieren in Resonanz gebracht. Im $E(k)$-Bild heißt das einfach, dass die parabolische Dispersionsrelation eines Niveaus zwischen den Barrieren, sagen wir z. B. die zu E_1 gehörende Parabel durch die angelegte Spannung, über die zu E_0^e gehörende Parabel nach unten gezogen wird (Abb. 3.1b). Im Idealfall ist die Resonanz im Tunnelstrom dann δ-förmig. Das Fermi-Niveau beeinflusst in diesem idealen Bild nur den maximalen Strom, nicht aber die Form der Kennlinie.

© Springer-Verlag GmbH Deutschland, ein Teil von Springer Nature 2021
J. Smoliner, *Grundlagen der Halbleiterphysik II*,
https://doi.org/10.1007/978-3-662-62608-5_3

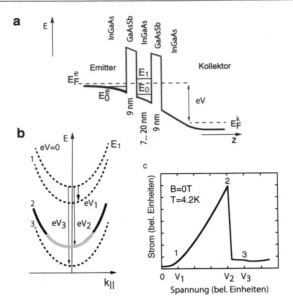

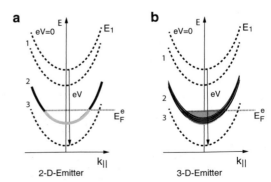

Abb. 3.1 a Bandprofil einer InGaAs-GaAsSb-RTD. **b** Position der zum Niveau E_1 gehörenden $E(k_\parallel)$-Relation als Funktion der angelegten Spannung. Das mit E_0^e bezeichnete Niveau (durchgezogene Parabel) liegt im (zweidimensionalen) Emitter und ändert seine Position nicht. Alle anderen Niveaus liegen zwischen den Barrieren und werden durch die angelegte Spannung verschoben (gestrichelte Parabeln). Der schattierte Bereich symbolisiert die besetzten Zustände im Emitter. Die Nummerierung der Parabeln entspricht den gekennzeichneten Positionen auf der Tunnelkennlinie in **c**

Die experimentellen Daten in Abb. 3.1c zeigen natürlich etwas anderes. Die Resonanz ist schön und groß, aber eher dreiecksförmig. Na gut, dann ist der Emitter der RTD in der Praxis eben nicht zweidimensional, sondern dreidimensional, was aber auch wurscht wäre, denn mit einem dreidimensionalen Elektronensystem im Emitter lässt sich diese dreieckige Kennlinienform völlig tadellos erklären. Abb. 3.2 sagt zu dem Thema mehr als tausend Worte, denn hier sieht man, dass ein (Quasi-) 3-D-Emitter als ein 2-D-Emitter mit vielen nahe beieinanderliegenden Subbändern betrachtet werden kann. Der schattierte Bereich symbolisiert den See der besetzten

Abb. 3.2 a
$E(k_\parallel)$-Diagramm einer RTD
mit zweidimensionalem
Emitter. **b** $E(k_\parallel)$-Diagramm
einer RTD mit
quasi-dreidimensionalem
Emitter. Der schattierte
Bereich symbolisiert die
besetzten Zustände im
Emitter

Ausgangszustände im Emitter, von denen aus jetzt alle Elektronen in den zweidimensionalen Zustand (z. B. E_1) zwischen den Barrieren tunneln dürfen. Je tiefer die zu E_1 gehörende Parabel in den Emittersee (Abb. 3.2b) eintaucht, desto höher wird der resonante Tunnelstrom. Erreicht die Parabel die Unterkante des Emitters, reißt der Strom abrupt ab, und die dreieckige Kennlinienform ist damit erklärt.

3.2 Tunnelprozesse in $B_\perp$-Konfiguration

Was wir bisher über die Erklärung unserer Tunnelkennlinie gehört haben, klingt zwar alles gut, aber im Magnetfeld führt die Erklärung mit einem energetisch breiten 3-D-Emitter leider zu Widersprüchen. Zuerst passt ein energetisch breites 3-D-Elektronensystem im Emitter nicht zu den schönen Landau-Peaks in der Tunnelkennlinie in Abb. 3.3, da die Landau-Peaks mit einem breiten 3-D-Emitter nur in sehr ausgewaschener Form auftreten würden (Abschn. 2.5.1). Des Weiteren würde man für einen 3-D-Emitter die Landau-Niveaus eher auf der linken Flanke der Resonanz erwarten, was aber nicht der Fall ist. (Richtig geraten, das zu erklären, wäre eine schöne Hausaufgabe, die ist aber nicht ganz so leicht.) Vermutlich haben wir es im Experiment also mit einem nur mäßig breiten, Quasi-3-D-Emitter zu tun, und für alles, was sich damit nicht erklären lässt, oder generell für alles, was wir nicht verstehen, machen wir in bewährter Weise einfach und ohne seriöse Begründung irgendwelche Streuprozesse verantwortlich. Gehen wir nun mehr ins Detail und legen wir ein Magnetfeld $B_\perp$ senkrecht zu den Schichten der RTD und parallel zum Tunnelstrom an. Siehe da, da tut sich im Experiment so einiges, wie man in Abb. 3.3a sieht. Besonders hinter der zum Niveau E_1 gehörenden Resonanzposition sind bei größeren Spannungen einige deutliche Satellitenpeaks zu erkennen, deren Abstand bei höheren Magnetfeldern größer wird und denen man Landau-Niveaus zuordnen kann. Der Mechanismus, der zu diesen Satelliten führt, ist mit Hilfe von Abb. 3.3b leicht zu verstehen. Dort sieht man, dass es, immer wenn irgendein Landau-Niveau innerhalb der RTD mit einem Landau-Niveau im Emitter energetisch auf gleicher

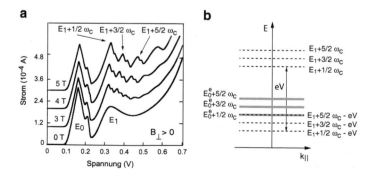

Abb. 3.3 **a** Tunnelkennlinien einer InGaAs-GaAsSb-RTD in verschiedenen Magnetfeldern. **b** Lage der Landau-Niveaus im Emitter und Lage der zum Zustand E_1 gehörenden Landau-Niveaus als Funktion der angelegten Spannung

Höhe liegt, zu resonanten Tunnelprozessen kommen kann. Leider gibt es hier ein Problem, denn Übergänge zwischen Landau-Niveaus mit unterschiedlichem Index sind aus Gründen der Parallelimpulserhaltung eigentlich verboten. Diese Satelliten in der Tunnelkennlinie dürfte es also im Idealfall eigentlich gar nicht geben. Aber wie schon oben erwähnt, gibt es zum Glück ja elastische Streuprozesse, die hier helfend eingreifen können. Nicht-elastische Streuprozesse mit akustischen Phononen helfen nicht, denn die sind weder energie- noch impulserhaltend, und verbreitern daher nur alle vorhandenen Strukturen. Aber Vorsicht, hierbei gibt es noch Delikatessen: Die Landau-Satelliten liegen ausschließlich rechts von der Hauptresonanz. Das heißt, elastische Streuprozesse konvertieren immer nur $k_\perp$ in $k_\parallel$, aber nicht umgekehrt. Warum geht das nicht? Ganz einfach, das Fermi-Niveau in unserem schmalen Quasi-3-D-Emitter ist zu niedrig, und Elektronen mit passend hohem $k_\parallel$ sind dort einfach nicht vorhanden. Schließlich gibt es noch diverse andere Feinstrukturen auf der Kennlinie, für die wir bis heute absolut keine Erklärung haben. Am auffälligsten ist der Peak in der rechten Flanke der E_0-Resonanz, der bei höheren Magnetfeldern auch in der E_1-Resonanz hervorkommt. Dann taucht bei $B = 5\,\mathrm{T}$ und ca. $V = 0.55\,\mathrm{V}$ noch eine weitere Struktur auf, die ebenso rätselhaft ist. Aber egal, das Experiment passt größtenteils und widerspruchsfrei zum theoretischen Weltbild, und wer mehr Details wissen will, sehe bitte bei Silvano et al. (2010) nach. Hier finden sich auch Informationen über die effektive Masse in unseren InGaAs-AlGaSb-Heterostrukturen ($m^* \approx 0.04m_0$) sowie Details über die Nichtparabolizität in diesem Materialsystem.

3.3   Tunnelprozesse in $B_{||}$-Konfiguration

Damit man nicht zurückblättern muss, zeigt Abb. 3.4a nochmals das Bandprofil $E(z)$ einer typischen RTD, aber dieses Mal mit transversalem, also parallel zu den Schichten der RTD angelegtem Magnetfeld. Weil man dort außer einem anderen Koordinatensystem nichts sieht, zeigt Abb. 3.4b das Ganze noch einmal, aber um 90° nach hinten gekippt und in einer zy-Darstellung. In dieser Darstellung lässt sich die klassische Trajektorie zwischen Anfangs- und Endzustand im Ortsraum einzeichnen, die wegen der Lorentz-Kraft ein Kreissegment darstellt. Auf dieser Bahn konvertiert das Magnetfeld den Impuls (k-Wert) in z-Richtung teilweise in einen Impuls (k-Wert) in y-Richtung nach der Formel

$$\Delta p_y = eBd_z \tag{3.1}$$

oder

$$\Delta k_y = \frac{eBd_z}{\hbar}. \tag{3.2}$$

Die Herleitung ist einfach und benutzt nur die Lorentz-Kraft und die Tatsache, dass die Kraft die zeitliche Ableitung des Impulses ist, also

$$ev_z B = \frac{\Delta p_y}{\Delta t} \tag{3.3}$$

Abb. 3.4 a Bandprofil einer
konventionellen
GaAs-AlGaAs-RTD, wie sie
z. B. von Zaslavsky et al.
(1990) verwendet wurde. **b**
Trajektorie eines Elektrons
im parallelen Magnetfeld auf
dem Weg vom Emitter zum
Zielzustand zwischen den
Barrieren. Das Magnetfeld
erhöht den Wert von k_y über
die Tunneldistanz d

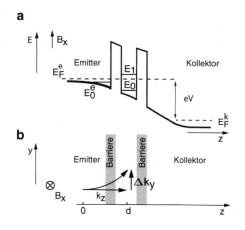

und

$$v_z \Delta t = d_z = \frac{\Delta p_y}{eB}. \qquad (3.4)$$

Jetzt braucht es einen Vergleich zwischen Abb. 3.1b und 3.5a. Wie man sofort sieht, ermöglicht die gegenseitige Verschiebung der Parabeln auf der $k_{||}$-Achse nun resonante Tunnelprozesse nicht nur an exakt einer Resonanzposition, sondern über einen endlichen Energiebereich, dessen Breite vom Magnetfeld abhängt. Als Konsequenz davon verwäscht sich die Resonanz in der Tunnelkennlinie, und das kann man auch sehr schön in den experimentellen Daten in Abb. 3.5b beobachten.

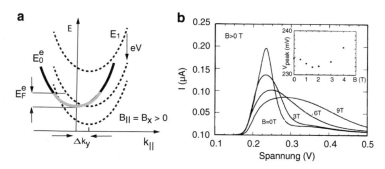

Abb. 3.5 a Dispersionsrelationen in den Elektroden einer RTD bei transversalem Magnetfeld. Der schattierte Bereich der Emitter-Parabel symbolisiert die besetzten Zustände. **b** IV-Kennlinien einer konventionellen GaAs-AlGaAs-RTD bei verschiedenen transversalen Magnetfeldern. (Nach Zaslavsky et al. 1990; Amor 1988)

3.4   Spintronik in resonanten Tunneldioden

3.4.1   Der Rashba-Effekt in resonanten Tunneldioden

Zuerst ein kleines Märchen: Jonathan, mein brasilianischer Doktorand, sagte damals sinngemäß im mühselig gelernten Wiener Dialekt: ‚Ey, Chef, ich würde diese InGaAs/GaAsSb-RTDs gerne im transversalen Magnetfeld vermessen.' Ich, auch im mühselig gelernten Wiener Dialekt: ‚Oida, das bringt nix, die Resonanzen werden im Magnetfeld nur breiter und verschwinden dann. Das ist ein alter Hut aus den frühen Neunzigern, schau bitte hier nach: Zaslavsky et al. (1990), Amor (1988), und vor allem in Abb. 3.5b.' Er: ‚Ich will es trotzdem ausprobieren.' Ich: ‚Ja, wenn du unbedingt deine Lebenszeit verschwenden willst, bitte hier ist der Probenhalter für das transversale Magnetfeld.' Hier ist der Punkt, an dem man anerkennen muss, dass es sich auszahlen kann, wenn der Doktorand seinen Chef ignoriert. Ich widmete mich dem Tagesgeschäft, und ein paar Stunden später kam Jonathan in meim Büro und meinte: ‚Ey, Chef, schau, was ich gemessen habe!' Ich, völlig gelangweilt: ‚Na was schon, erst die übliche magnetfeldabhängige Peakverbreiterung mit Positionsverschiebung, und irgendwann verschwindet dann der Peak' (Zaslavsky et al. 1990). Dann er: ‚Einen verschwindenden Peak würde ich das hier nicht gerade nennen.' Ich: ‚Na gut, dann zeig mal her... Ähhh, was ist denn das? Das kann es ja wohl nicht geben! (Abb. 3.6, man beachte bitte die Größe dieses Effekts)' Jonathan: ‚Oh doch.' Kurze Nachdenkphase, dann: ‚Jetzt mal langsam, ist es reproduzierbar?' Die Antwort war ja, auf mehreren RTDs, und unserem Probenhersteller Hermann Detz und unserer MBE-Gruppe sei Dank, nach vier neuen Wafern, und einer größeren Anzahl von Proben war klar: Dieser Effekt war echt und reproduzierbar und noch dazu gigantisch groß (Silvano et al. 2010, 2011, 2012), und zwar so groß, dass man ihn mit einem Handmultimeter hätte messen können. Noch dazu konnte man diesen Effekt bis zu Temperaturen von $T = 180$ K problemlos beobachten (Abb. 3.7). Das war ein echter Lottogewinn, wie man ihn als Experimentalist nur selten hat, denn normalerweise arbeitet man immer an der Grenze der Nachweisbarkeit, Stichwort CERN und irgendwelche Higgs-Teilchen. Auch Niketic et al. (2014) hat Ähnliches auf InAs-GaAs-InAs-AlAs-InAs RTDs beobachtet, einem Materialsystem, welches dem unsrigen nicht unähnlich ist. Ach übrigens: Wenn man nochmal bei Amor (1988) in seinen experimentellen Daten nachsieht, könnte es gut sein, dass er auf seinen

Abb. 3.6 IV-Kennlinien einer typischen InGaAs/GaAsSb RTD bei verschiedenen transversalen Magnetfeldern (Silvano et al. 2012) und einer Temperatur von $T = 4$ K. Die gestrichelte Kurve ist die Kennilie bei $B = 0$ T

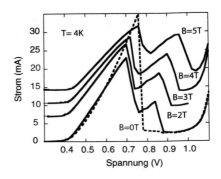

Abb. 3.7 Temperaturabhängigkeit
der Strom-Spannungs-
Kennlinien für ein
Magnetfeld von $B_{||} = 2\,\mathrm{T}$

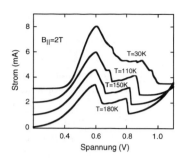

GaAs-AlGaAs-RTDs auch das gesehen hat, was wir gesehen haben, nur eben bei viel höheren Magnetfeldern. Ausgewertet haben wir das damals aber nicht, denn auch ich habe das übersehen und erst kürzlich beim Sortieren alter Publikationen entdeckt.

Um das Resultat vorwegzunehmen: Wir sehen hier wohl den größten Rashba-Effekt, den man in der Literatur so finden kann. Zunächst einmal einige Zeilen der Erklärung darüber, was der Rashba-Effekt überhaupt ist. Das ist leicht, und die beste Erklärung liefert Abb. 3.8 in schematischer Form. Den Zeeman-Effekt kennt jeder. Man nehme irgendein Energieniveau, z. B. in einem Donator, lege ein Magnetfeld an, und schon spaltet sich dieses Energieniveau in zwei Niveaus auf, die wegen der aufgehobenen Spinentartung unterschiedliche Energien haben (Abb. 3.8a). Die Energieaufspaltung wird durch den so genannten g-Faktor bestimmt, der für die Erklärung unseres Experiments aber Werte gehabt hätte, die völlig absurd groß und nicht argumentierbar gewesen wären. Beim Rashba-Effekt (Abb. 3.8b) wird das Energieniveau im Impulsraum (k-Raum) auseinandergezogen. Hier gibt es den Rashba-Parameter α, welcher die Verschiebung der Parabeln kontrolliert. Dieser war für unser Experiment zwar auch ziemlich groß, aber noch im Bereich der Literaturwerte.

Da wir jetzt wissen, wie der Rashba-Effekt in RTDs prinzipiell funktioniert, fragen wir uns mal kurz, wozu man ihn brauchen könnte. Für Spinfilter ist die Antwort auf diese Frage, und die sind sogar nützlich, denn das sind wesentliche Elemente beim spinpolarisierten Transport. Zusätzlich werden Spinfilter als besonders vielversprechende Quellen für spinpolarisierte Elektronen in irgendwelchen Q-bits in Quantencomputern betrachtet. In zweidimensionalen Elektronensystemen, wie zum Beispiel zwischen den Barrieren einer resonanten Tunneldiode, gibt es zwei wesent-

Abb. 3.8 a Zeeman-Effekt
und **b** Rashba-Effekt

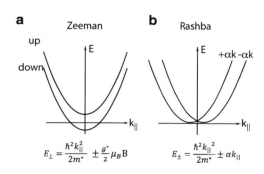

liche Parameter, die für den Rashba-Effekt eine Hauptrolle spielen. Der eine ist der Parallelimpuls $k_{||} = \sqrt{k_x^2 + k_y^2}$ und der andere der schon erwähnte Rashba-Parameter α, der durch diverse spin-orbit-Mechanismen bestimmt wird, die uns hier aber egal sein können. Als Resultat davon spaltet sich jedenfalls die Resonanz in der Kennlinie der Tunneldiode im transversalen Magnetfeld in zwei Resonanzen auf, und eine Resonanz gehört dann zum spin-up, die andere zum spin-down-Zustand. Je nach Spannung bekommt man dann hinter der RTD spinpolarisierte Elektronen im spinup- oder spin-down-Zustand aber nur, wenn während des Tunnelprozesses keine spinrelevanten Streuprozesse auftreten. Das klingt schon mal gut, besonders wenn man sich unsere Messergebnisse in Abb. 3.6, ansieht, wo man eine Energieaufspaltung zwischen den Peaks in der Größenordnung von 30 meV erkennen kann. Das ist viel und sogar realistisch, denn wir konnten die Peakaufspaltung problemlos bis zu Temperaturen von $T = 180$ K, beobachten (Abb. 3.7).

Zu einem etwas quantitativeren Verständnis des Rashba-Effekts in unseren RTDs beschreiben wir zunächst die Elektronenenergie in einem halbklassischen Modell mit

$$E_\pm = E_z + \frac{\hbar^2 \left(k_{||} + \delta k_{||}\right)^2}{2m^*} \pm \alpha \left|\left(k_{||} + \delta k_{||}\right)\right|. \qquad (3.5)$$

$E_\pm$ ist die Energie der unterschiedlichen Spinzustände. Der erste Term in dieser Gleichung ist die Komponente der Elektronenenergie in z-Richtung, also senkrecht zur Waferoberfläche, der zweite Term beschreibt die Energie parallel zur Waferoberfläche, und der dritte Term den Einfluss des Rashba-Effekts für die spin-up- und spin-down-Zustände. α ist dabei der schon erwähnte Rashba-Parameter.

Was ist jetzt dieses $\delta k_{||}$ in Gl. 3.5? Wie in Abb. 3.9 schematisch dargestellt ist, konvertiert die Lorentz-Kraft die Impulskomponente senkrecht zu den Barrieren in einen zusätzlichen Parallelimpuls, der dann anschließend für den Rashba-Effekt wichtig wird. Daher gilt (siehe Gl. 3.2)

$$\delta k_{||} = \frac{eBd}{\hbar}, \qquad (3.6)$$

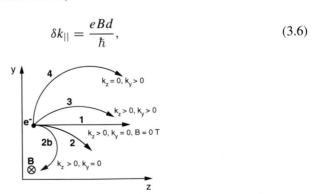

Abb. 3.9 Klassische Trajektorien von Elektronen im Magnetfeld. Kurve 1 zeigt die Trajektorie ohne Magnetfeld, die anderen Trajektorien zeigen den Einfluss eines Magnetfeldes parallel zur x-Achse. k_z, k_y sind die verschiedenen Impulsstartwerte. Trajektorie 2 und 2b haben die gleichen Startwerte, nur das Magnetfeld für Trajektorie 2 ist größer

wobei B das Magnetfeld ist und d die Tunneldistanz (Demmerle et al. 1991), also der entsprechende in z-Richtung zurückgelegte Weg des Elektrons zwischen Ausgangszustand und Endzustand. Langer Rede kurzer Sinn: Der Rashba-Effekt macht aus der üblichen parabelförmigen Energiedispersion zwei horizontal versetzte Parabeln, und das transversale Magnetfeld zieht diese Parabeln noch weiter auseinander (Abb. 3.8b). Wie weit, hängt vom Magnetfeld und vor allem von der Tunneldistanz ab.

Mit diesen Erkenntnissen lässt sich bereits die Form der Tunnelkennlinie qualitativ recht gut verstehen. Abb. 3.10a zeigt nochmals typische Kennlinien einer InGaAs-GaAsSb Tunneldiode mit und ohne Magnetfeld. Ohne Magnetfeld schaut alles aus wie immer, mit Magnetfeld sieht man nochmals die beeindruckende Aufspaltung der Resonanz. Abb. 3.10b zeigt die Situation im Bild der Dispersionsrelationen. Ohne Magnetfeld gibt es zwar den Rashba-Effekt, nur der nützt nichts, weil die gefüllten Ausgangszustände mit der angelegten Spannung simultan durch die beiden spinaufgespalteten Parabeln hindurchgeschoben werden.

Im transversalen Magnetfeld (Abb. 3.10c) schaut die Sache anders aus. Hier sind die Ausgangszustände im Impulsraum im Vergleich zu den Niveaus zwischen den Barrieren der RTD verschoben. Man schiebt die Ausgangsniveaus also zuerst durch die eine Parabel und dann durch die andere, was schließlich zu den schön aufgespalteten Resonanzen in der Tunnelkennlinie führt. Mehr Details bringen in einem Buch für Einsteiger nichts, man findet sie aber bei Silvano et al. (2010, 2011, 2012).

3.4.2 Bestimmung des Rashba-Parameters

Die Bestimmung des Rashba-Parameters ist nicht schwierig. Man nimmt einfach Gl. 3.5, plottet die Energien $E_\pm$ als Funktion des Magnetfeldes und stellt fest, dass man zwei Parabeln bekommt, welche vom Rashba-Parameter α abhängen. Für diesen Plot kann man bequemerweise im Emitter den Startwert von $k_\| = 0$ annehmen, weil man sich hier im Zentrum der Resonanz, also am Peakmaximum auf der Tunnelkennlinie befindet. Wer sich fragt wieso, werfe bitte nochmals einen Blick auf die Abb. 3.5a und 3.10c, dann sollte die Sache sofort klar sein. Nun nimmt man die expe-

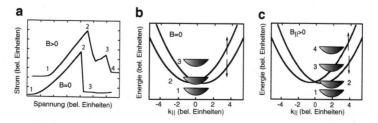

Abb. 3.10 a Kennlinien einer resonanten InGaAs-GaAsSb-Tunneldiode mit und ohne Magnetfeld. **b** Position der Energieniveaus im Emitter im Vergleich zu den über den Rashba-Effekt aufgespalteten Dispersionsrelationen in der RTD bei $B = 0$ T. **c** Position der Energieniveaus im Emitter im Vergleich zu den über den Rashba-Effekt aufgespalteten Dispersionsrelationen in der RTD bei $B_\| \gg 0$ T. Die Pfeile symbolisieren schematisch die Spinpolarisation

rimentellen Daten für die Peakaufspaltung und plottet diese auch als Funktion des Magnetfeldes. Man erhält wieder zwei Parabeln, dieses Mal allerdings auf der Spannungsskala. Diese Spannungsskala muss man jetzt auf eine Energieskala umrechnen und auch hier hilft mal wieder das Programm von Gregory Snider (2001) an der University of Notre Dame in USA oder etwas Vergleichbares. Jetzt kann man weiter herumrechnen, und mit dem Computer und diversen Fitprozeduren den berechneten Rashba-Parameter an die experimentellen Daten anpassen.

Abb. 3.11 zeigt das Resultat dieser Fitprozedur und Abb. 3.12 die Resultate für die Rashba-Parameter der verschiedenen Proben. Irgendeine offensichtliche Abhängigkeit von der Barrierendicke oder der Dicke des Quantentrogs gibt es nicht. Allerdings scheint es eine Abhängigkeit von der angelegten Spannung zu geben. So wie es aussieht, wird der Rashba-Parameter mit der angelegten Spannung größer. Zusätzlich war der Rashba-Parameter generell eher groß. Jetzt war die Frage: Kann das sein und wenn ja, warum? Dazu braucht es wieder einen Blick in die Literatur.

3.4.3   Warum ist der Rashba-Parameter so groß?

Zur Beantwortung der Frage hilft die Publikation von Stanley et al. (2004), der den Rashba-Parameter von InAs- und InSb-Quantentrögen (Breite 10 nm) bei angelegter Spannung ausgerechnet hat. Kurzfassung des Ergebnisses dieses Vergleichs: Wir waren mit unseren experimentellen Daten in der gleichen Größenordnung. Das war schon mal nicht schlecht, wir hatten also ein konsistentes Weltbild.

Qualitativ gibt es zwei Mechanismen, die für unsere großen Werte des Rashba-Parameters verantwortlich sein können: das Eindringen der Wellenfunktion in die Barriere bei angelegtem elektrischen Feld, aber auch der Sprung im Valenzband.

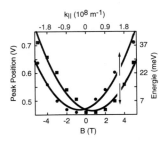

Abb. 3.11 Die Peakpositionen in der Tunnelkennlinie in Abhängigkeit vom Magnetfeld. Die Punkte und Quadrate sind die experimentellen Daten, die Parabeln sind der parabolische Fit zu diesen Daten. Links ist auf der y-Achse die Spannungsskala, rechts die Energieskala aufgetragen. Die Pfeile symbolisieren die Spin-up- und die Spin-down-Orientierung

	Trogbreite	Rashba-Parameter	Resonanzposition (B=0T)
Abb. 3.12 Der Rashba-Parameter für verschiedene Proben und verschiedene angelegte Spannungen	7 nm	0.38 eVÅ	0.45 V
	20 nm	0.40 eVÅ	0.65 V
	13 nm	0.78 eVÅ	0.70 V
	13 nm (Typ 2)	0.74 eVÅ	0.60 V

Der Sprung im Valenzband in Typ-II-Heterostrukturen spielt eine besonders große Rolle, weil dieser zwischen Materialien mit niedriger Bandlücke sehr beträchtlich sein kann. Nach Koga et al. (2002); Andrada et al. (1997, 1999), ist der Rashba-Koeffizient das Produkt der Spin-Orbit-Kopplungskonstante α_{SO} mit dem elektrischen Feld auf atomarer Ebene an der Grenzfläche zwischen den verschiedenen Materialien im Valenzband (!). Wichtig: Hier ist nicht das Feld durch die angelegte Spannung gemeint, sondern das, welches sich durch den Sprung im Valenzband zwischen den verschiedenen Atomlagen ergibt. Für Typ-II-Schmalbandhalbleiter ist α_{SO} typischerweise ziemlich groß, und damit ist es nicht verwunderlich, dass der Rashba-Effekt in unseren InGaAs-GaAlSb-Strukturen ebenfalls sehr groß sein kann. Als Resultat dieser Geschichte bekommt man je nach angelegter Spannung stark spinpolarisierte Ströme, und das in nichtmagnetischen Systemen, und noch dazu bei ziemlich hohen Temperaturen. Das ist natürlich vielversprechend für allerlei praktische Anwendungen, aber, wie Prof. Dr. Sergey Ganichev (Universität Regensburg) vor längerer Zeit auf irgendeinem Seminar betonte: Wenn ihr das transversale Magnetfeld nicht loswerdet und durch elektrische Felder ersetzt, wird das nichts mit praktischen Anwendungen. Andere Leute haben das übrigens auch noch erkannt, aber diese Arbeiten von Koga et al. (2002) und Datta und Das (1990) muss man auch erst einmal finden und ausgraben. Na gut, ‚viel Feind, viel Ehr‘, wie man so schön sagt, und damit ein Grund, es natürlich erst recht zu versuchen. Das Resultat dieser Bemühungen: ein epischer Fehlschlag. Wir sind jämmerlichst gescheitert; die technologischen Herausforderungen waren einfach zu groß.

3.5 Tunnelströme im transversalen Magnetfeld

Am Anfang dieses Buches gibt es nicht umsonst ein Kapitel über numerische Methoden in der Quantenmechanik, und hier ist jetzt die Stelle, an der all diese Methoden auch sinnvoll eingesetzt werden können, nämlich zur Berechnung von Tunnelströmen im transversalen Magnetfeld. Damit das nicht langweilig wird, nehmen wir den Rashba-Effekt auch gleich mit. Wichtig: Es geht in diesem Abschnitt eher nicht um die quantitativen Resultate, sondern darum, wie weit man mit den Grundlagen aus diesem Buch kommen kann. Achten Sie also auf die Methodik, und darauf, ob das alles auch für Sie nachvollziehbar ist.

Eine kleine, aber ernstgemeinte Warnung: Egal, welches physikalische Problem Sie mit numerischen Methoden lösen wollen, den roten Faden zur Lösung Ihres Problems dürfen Sie niemals aus dem Auge verlieren. Gelingt Ihnen das nicht, verzetteln Sie sich ohne Ende und verschwenden damit Ihre Freizeit in gröbstem Ausmaß. Für so etwas wird Ihre Freundin oder Ihr Freund natürlich und zu Recht nur wenig Verständnis haben. Da Sie nun gewarnt sind, besorgen wir uns erst einmal einen Überblick über die generelle Vorgangsweise zur Lösung unseres Problems.

Das einfachste Modell zur Berechnung von Tunnelkennlinien ist das Esaki-Tsu Model von Tsu und Esaki (1973). Zur Erinnerung (Band I dieses Buches, Kap. 1): Der Ausgangspunkt dieses Modells ist die klassische Stromdichte $j = nev_z = ne\frac{\hbar k_z}{m^*}$, wobei n die Anzahl der Elektronen und v_z deren Geschwindigkeit ist. Soll der Strom durch eine Tunnelstruktur fließen, wird einfach ein Transmissionskoeffizient hinzugefügt, freundlich annehmend, dass alle Endzustände hinter der Barriere leer und verfügbar sind. Ein allfälliger Elektronenimpuls (k-Vektor) parallel zur Tunnelstruktur ist für die Transmission egal, denn der wird normalerweise immer erhalten. Auf diese Weise landen wir bei $j = ne\frac{\hbar k_z}{m^*}T(k_z)$. Haben die Elektronen auf der Ausgangsseite eine Energieverteilung und stammen z. B. aus einem Metall, braucht es ein Integral über die dreidimensionale Zustandsdichte im k-Raum, und wir bekommen für $T = 0\,\mathrm{K}$

$$j = \frac{1}{(2\pi)^3} \int_0^{k_F} eT(k_z)\frac{\hbar k_z}{m^*}d^3k. \tag{3.7}$$

Um nun den Tunnelstrom für unsere Proben im transversalen Magnetfeld inklusive Rashba-Effekt zu berechnen, haben wir das obige Modell für unsere Zwecke kräftig erweitert. Alle Streuprozesse werden aber weiterhin vernachlässigt, und es wird ein rein ballistischer Elektronentransport angenommen. Der Transmissionskoeffizient der RTD wird mit der Transfer-Matrix-Methode berechnet. Details dazu finden Sie in Kap. 1. Das transversale Magnetfeld wird semiklassisch berücksichtigt und die nichtparabolische Bandstruktur über ein Zweiband-Kane-Model von Nelson et al. (1987) eingebaut. Dieses Modell liefert die Beziehung

$$m_0^*(E) = m_0^* \left(1 + 2\frac{E}{E_g}\right), \tag{3.8}$$

wobei m_0^* die effektive Masse im Volumen des Halbleiters ist, E die Energie über der Leitungsbandkante und E_g die Bandlücke. Für die Berechnung des Rashba-Parameters haben wir ein Einband-Modell verwendet, welches von Andrada et al. (1997) entwickelt wurde. Die Temperaturabhängigkeit des Rashba-Parameters kann über die Temperaturabhängigkeit der Bandlücken der jeweiligen Materialien berücksichtigt werden (Silvano et al. 2012). Da dies aber für dieses Buch zu tief ins Detail gehen würde, lesen Sie bitte die zugehörigen Feinheiten bei Silvano et al. (2012) nach.

Ehe wir den Tunnelstrom wirklich ausrechnen können, müssen wir aber noch ein paar andere Details zusammenklauben. Zunächst einmal haben wir in unserer RTD eine zweidimensionale Emitterelektrode mit nur einem besetzten Subband, und kein Metall. Als Konsequenz davon ist k_z in der Emitterelektrode konstant. Des Weiteren müssen wir in Gl. 3.7 statt der dreidimensionalen Zustandsdichte eine zweidimensionale Zustandsdichte verwenden, und wir bekommen für leere Endzustände und $T = 0\,\mathrm{K}$ die Formel

$$j_{2D} = \frac{1}{(2\pi)^2} \int_0^{k_f} e\frac{\hbar k_z}{m^*} f(k_{||})\, T(k_z, k_{||}, V, B_{||})\, dk_{||}. \tag{3.9}$$

Vorsicht, das ist eine Flächenstromdichte. Um das auf eine normale Stromdichte umzurechnen, verwendet man einfach einen billigen Trick und sagt $j^{3D} = \left(j^{2D}\right)^{2/3}$.

Auch $T(k_z, k_\parallel, V, B_\parallel)$ hängt jetzt von allem Möglichen ab. Details dazu kommen später.

Jetzt haben wir das Problem, dass wir in Gl. 3.9 für die Integrationsgrenze den Fermi-Vektor k_F brauchen, und den beschaffen wir uns experimentell. Wir betrachten die Probe einfach als Plattenkondensator unter angelegter Spannung, denn dann gilt

$$en^{2D} = \frac{Q}{A} = \frac{\varepsilon\varepsilon_0 V}{d}, \tag{3.10}$$

wobei A die Diodenfläche und V die angelegte Spannung ist. ε ist die relative Dielektrizitätskonstante und d der Abstand zwischen der Vorderseite (Emitterelektrode) der RTD und dem hoch dotierten Rückkontakt. Da sich hinter der RTD im niedrig dotierten Kollektor wegen der angelegten Spannung eine Verarmungszone bildet, haben wir zur Berechnung der Spannung über dem aktiven Teil der RTD wieder das Programm von Snider (2001) benutzt und anschließend einen linearen Spannungsabfall angenommen. Danach bekommt man das Fermi-Niveau und den Fermi-Vektor im Emitter völlig problemlos über die Formeln

$$E_F^{2D} = \frac{\pi\hbar^2}{em^*}\frac{\varepsilon\varepsilon_0 V}{d} \tag{3.11}$$

und

$$k_F = \sqrt{\frac{2/m^* E_F^{2D}}{\hbar^2}}, \tag{3.12}$$

welche man in Kap. 2 findet.

3.5.1 Die TMM im transversalen Magnetfeld

Jetzt geht es ans Eingemachte, und Sie werden sehen, dass wir wirklich alles, was in diesem Buch über Quantenmechanik, numerische Methoden und zweidimensionale Elektronensysteme zu finden ist, zum Einsatz bringen müssen, um die spinabhängigen Tunnelströme im transversalen Magnetfeld zumindest qualitativ ausrechnen zu können. Umgekehrt ist das aber nicht schlecht, denn so sehen Sie, dass die entsprechenden Kapitel in diesem Buch nicht umsonst geschrieben wurden.

Für die Berechnung der spinabhängigen Tunnelströme brauchen wir die spinabhängigen Transmissionskoeffizienten $T^\pm(k_z, k_\parallel, V, B)$, und die bekommt man nur numerisch mit der Transfer-Matrix-Methode (TMM). Zu diesem Zweck braucht es eine wichtige Zutat, nämlich den orts-, magnetfeld- und spinabhängigen Wellenvektor $k_z^\pm$. Fangen wir mit dem Einfluss des Magnetfeldes an. Zuerst schreiben wir Gl. 3.6 etwas um und erhalten mit

$$\delta k_y = \frac{eB_x}{\hbar}\delta z, \quad \delta z = (z - z_0), \tag{3.13}$$

für den gesamten, ortsabhängigen Wellenvektor in y-Richtung

$$k_y(z) = k_y^0 + \frac{eB_x}{\hbar}(z - z_0).$$ (3.14)

Um die Länge der folgenden Formeln auf eine Zeile zu beschränken, definieren wir noch einen Gesamtwellenvektor parallel zur Tunnelstruktur

$$k_{\|}(z) = \sqrt{k_x^2 + k_y^2(z)},$$ (3.15)

welcher über k_y vom transversalen Magnetfeld abhängt. k_x bleibt einfach erhalten. Das ist schon einmal gut, denn jetzt braucht es nur noch einen Energienullpunkt, am besten die Leitungsbandkante, und wir bekommen für die Energie inklusive des Rashba-Effekts den Ausdruck

$$(E - E_c(z)) = \frac{\hbar^2}{2m^*(z)}\left(\left(k_z^\pm\right)^2 + k_{\|}^2(z)\right) \mp \alpha(z)k_{\|}(z).$$ (3.16)

Jetzt lösen wir das Ganze wieder nach k_z auf und erhalten wegen des Rasbha-Effekts zwei spinabhängige k_z-Vektoren:

$$k_z^\pm = \sqrt{\frac{2m^*(z)\,(E - E_c(z))}{\hbar^2} - k_{\|}^2(z) \mp \frac{2m^*(z)}{\hbar^2}\alpha(z)k_{\|}(z)}$$ (3.17)

Uff, der härteste Teil ist geschafft, jetzt braucht es nur noch ein wenig TMM, aber das ist leicht. Das Kochrezept lautet:

- Zuerst braucht man für eine gewählte Spannung den Leitungsbandverlauf der Tunneldiode. Hier hilft wieder das Programm von Snider (2001). Zusätzliche Spannungen kann man einfach linear überlagern.
- Man diskretisiert den Potentialverlauf ganz nach Lust und Laune
- Man nehme die Formeln für die TMM aus Kap. 1 und ersetze alle k_j-Werte entweder durch k_j^+ oder k_j^-. Hinweis: In der Publikation von Silvano et al. (2012) ist das alles etwas anders hingeschrieben als in diesem Buch. Am Ende kommt aber das Gleiche heraus.
- Man erhält dadurch die spinabhängigen Transmissionskoeffizienten

$$T^+(E) = \frac{k_n^+ m_0}{k_0^+ m_n}\frac{1}{|M_{11}^-|^2}, \quad M^+ = \prod_j M^{j+}$$ (3.18)

und

$$T^-(E) = \frac{k_n^- m_0}{k_0^- m_n}\frac{1}{|M_{11}^-|^2}, \quad M^- = \prod_j M^{j-}.$$ (3.19)

- Jetzt kann man sich überlegen, ob man diese Prozedur als Funktion der angelegten Spannung oder als Funktion des transversalen Magnetfeldes durchführen will, um die entsprechenden Kennlinien zu erhalten. Die Flächenstromdichte berechnet sich schließlich und endlich so:

$$j_{2D}^{\pm} = \frac{1}{(2\pi)^2} \int_0^\infty e \frac{\hbar k_z}{m^*} f(k_{||}) T^{\pm}(k_z, k_{||}, V, B_{||}, \alpha) dk_{||} \qquad (3.20)$$

Egal, wie man sich entscheidet, die Rechenzeiten auf meinem Mac waren jedenfalls entnervend lang.

3.5.2 Vergleich von Modell und Experiment

Nach so viel Theorie braucht es nun unbedingt ein paar Resultate, um zu sehen, ob sich das ganze theoretische Gewürge und vor allem auch die immense Programmierarbeit gelohnt haben.

Abb. 3.13 zeigt einen Vergleich der gemessenen und berechneten Strom-Spannungs-Kennlinien. Natürlich sehen die gemessenen und berechneten Kennlinien wegen unseres primitiven Modells ohne Streuung und anderer Einflüsse nicht exakt gleich aus, aber die Übereinstimmung in der Aufspaltung ist ziemlich gut. Auch die Peakpositionen stimmen ziemlich gut, ebenso wie die relativen Amplituden.

Abb. 3.14 zeigt einen Vergleich der temperaturabhängigen experimentellen Daten ($B = 2T$) und der berechneten Kennlinien. Wie in Abb. 3.13 ist die qualitative Übereinstimmung angesichts des primitiven Modells gar nicht übel. Die Peakamplituden reduzieren sich mit steigender Temperatur. Dies hat zwei Gründe: Einerseits wird der Rashba-Parameter kleiner, leicht zu erkennen an der geringeren Aufspaltung der Peaks bei höherer Temperatur, und andererseits verbreitert sich auch die energetische Verteilung der Elektronen in der Emitterelektrode mit der steigenden Temperatur. Details über die Temperaturabhängigkeit, sowie weitere Messungen zu diesem Thema finden sich bei Silvano et al. (2012).

Nach all diesen Simulationen, die sogar halbwegs vernünftige Resultate lieferten, haben wir uns gefragt, ob es nicht ein einfaches qualitatives Kriterium gibt, nach dem

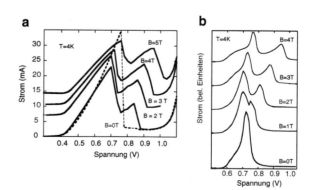

Abb. 3.13 a Zum direkten Vergleich nochmals die gemessenen Kennlinien für transversale Magnetfelder zwischen $B = 0$ T und $B = 5$ T. **b** Berechnete Kennlinien für transversale Magnetfelder zwischen $B = 0$ T und $B = 4$ T

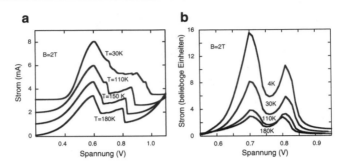

Abb. 3.14 Temperaturabhängigkeit der Strom-Spannungs-Kennlinien für $B = 2\,\mathrm{T}$. **a** Experimentelle Daten, **b** berechnete Kennlinien

man entscheiden kann, ob man einen schönen großen Rashba-Effekt erwarten kann oder nicht. Tatsächlich, das gibt es, und man sieht es in Abb. 3.15. In Abb. 3.15a sieht man berechnete Kennlinien einer InGaAs-GaSb-RTD und einer GaAs-AlGaAs-RTD für $B = 2\,\mathrm{T}$ und bei einer Temperatur von $T = 4\,\mathrm{K}$. Auf der GaAs-AlGaAs-RTD ist vom Rashba-Effekt nicht viel zu erkennen. Den Grund dafür sieht man in den Abb. 3.15b und c, welche zeigen, dass einfach der Sprung im Valenzband in einer Typ-II-Heterostruktur deutlich größer ist als der in einer klassischen GaAs-AlGaAs Typ-I-Heterostruktur.

Zum Schluss bleibt die letzte offene Frage: Warum haben das andere Gruppen nicht schon vor uns gesehen? Antwort: Man braucht eine MBE-Gruppe, die einem solche Proben in ausgezeichneter Qualität und Menge liefern kann, und deswegen geht an dieser Stelle mein ausdrücklicher Dank an Gottfried Strasser, Hermann Detz, Max Andrews und den Rest der Crew an unserem Institut.

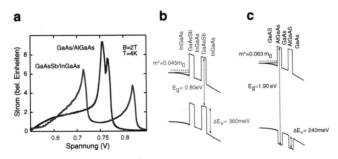

Abb. 3.15 Vergleich der berechneten Strom-Spannungs-Kennlinien einer GaAs-AlGaAs- und einer InGaAs-GaSb-RTD bei einem transversalen Magnetfeld von $B = 2\,\mathrm{T}$ und einer Temperatur von $T = 4\,\mathrm{K}$. **a** Berechnete Strom-Spannungs-Kennlinien, **b** Bandprofil einer InGaAs-GaSb-RTD, **c** Bandprofil einer typischen GaAs-AlGaAs-RTD

Literatur

Ben Amor S, Martin KP, Rascol JJL, Higgins RJ, Torabi A, Harris HM, Summers CJ (1988) Transverse magnetic field dependence of the current-voltage characteristics of double-barrier quantum well tunneling structures. Appl Phys Lett 53:2540

Datta S, Das B (1990) Electronic analog of the electro-optic modulator. Appl Phys Lett 56:665. https://doi.org/10.1063/1.102730

de Andrada e Silva EA, La Rocca GC, Bassani F (1994) Spin-split subbands and magneto-oscillations in III–V asymmetric heterostructures. Phys Rev B 50:85231994

de Andrada e Silva EA, La Rocca GC, Bassani F (1997) Spin-orbit splitting of electronic states in semiconductor asymmetric quantum wells. Phys Rev B 55:16293

de Andrada e Silva EA, La Rocca GC (1999) Electron-spin polarization by resonant tunneling. Phys Rev B 59:R15583(R)

Demmerle W, Smoliner J, Berthold G, Gornik E, Weimann G, Schlapp W (1991), Tunneling spectroscopy in barrier-separated two-dimensional electron-gas systems, Phys. Rev. B44, 3090. https://doi.org/10.1103/PhysRevB.44.3090

Koga T, Nitta J, Takayanagi H, Datta S (2002) Spin-filter device based on the Rashba-effect using a nonmagnetic resonant tunneling diode. Phys Rev Lett 88:126601. https://doi.org/10.1103/PhysRevLett.88.126601

Nelson DF, Miller RC, Kleinman DA (1987) Band non-parabolicity effects in semiconductor quantum wells. Phys Rev B 35:7770

Niketic N, Milanovic V, Radovanovic J (2014) Properties of the resonant tunneling diode in external magnetic field with inclusion of the Rashba effect. Solid State Commun 189:5

Silvano deSousa J, Smoliner J (2012) Rashba effect in type-II resonant tunneling diodes enhanced by in-plane magnetic fields. Phys Rev B 85:085303

Silvano deSousa J, Detz H, Klang P, Nobile M, Andrews AM, Schrenk W, Gornik E, Strasser G, Smoliner J (2010) Non-parabolicity effects in InGaAs/GaAsSb double barrier resonant tunneling diodes. J Appl Phys 108:073707

Silvano deSousa J, Detz H, Klang P, Gornik E, Strasser G, Smoliner J (2011) Enhanced Rashba effect in transverse magnetic fields observed on InGaAs/GaAsSb resonant tunneling diodes at temperatures up to $T = 180$ K. Appl Phys Lett 99:152107

Snider G (2001) 1D-Poisson solver. University of Notre Dame. http://www.nd.edu/~gsnider/

Stanley JP, Pattinson N, Lambert N, Jefferson CJ (2004) Rashba spin-splitting in narrow gap III–V semiconductor quantum wells. 20(3–4):433. https://doi.org/10.1016/j.physe.2003.08.052

Tsu R, Esaki L (1973) Tunneling in a finite superlattice. Appl Phys Lett 22:562

Zaslavsky A, Li Yuan P, Tsui DC, Santos M, Shayegan M (1990) Transport in transverse magnetic fields in resonant tunneling structures. Phys Rev B 42:1374

Eindimensionale Elektronensysteme

4

Inhaltsverzeichnis

4.1   Quantendrähte und Nanodrähte: Was bringen die?

Wenn zweidimensionale Elektronengase schon drei Nobelpreise abwerfen, sollten eindimensionale Elektronengase oder Quantendrähte noch für ein paar Nobelpreise mehr gut sein, so glaubte man am Anfang. Leider, leider, so war es bisher nicht. Das liegt schon einmal daran, dass man fein säuberlich zwischen Quantendrähten und Nanodrähten unterscheiden muss; die einen zeigen Quanteneffekte, die anderen eben nicht, und wo es keinen Quanteneffekt gibt, da ist heutzutage auch eher kein Nobelpreis. Dann gibt es noch unterschiedliche Herstellungsverfahren: Man kann Quanten- und Nanodrähte per Hightech Methoden im Reinraum herstellen oder in der Garage den Katalysator seines alten Diesels ausleeren. Den Katalysator von seinem alten Diesel ausleeren geht auch, denn der Dativ ist bekanntlich dem Genitiv sein Tod. Dort finden sich erstaunlicherweise jede Menge hochqualitativer carbon nanotubes, die perfekte Quantendrähte auf Kohlenstoffbasis darstellen. Die Quantendrähte aus dem Reinraum haben eher Probleme mit der Ausbeute (yield) bei der Herstellung; diejenigen, die dann funktionieren, sind aber meist von guter Qualität. Physikalische Effekte im Elektronentransport gibt es auf diesen Systemen jede Menge, viele klassische und sogar einige quantenmechanische. Allerdings, so richtig industriell brauchbar waren diese Effekte bisher leider alle noch nicht, und das ist schlecht fürs Halbleitergeschäft als Ganzes. Denn ist der Bekanntheitsgrad für diese

© Springer-Verlag GmbH Deutschland, ein Teil von Springer Nature 2021
J. Smoliner, *Grundlagen der Halbleiterphysik II*,
https://doi.org/10.1007/978-3-662-62608-5_4

durchaus netten Effekte gering, so sinkt auch die Chance auf irgendeinen Nobelpreis erheblich.

Warum müssen wir uns trotzdem um dieses Thema kümmern? Ganz einfach, weil wie immer, die Schätze dort vergraben wurden, wo man sie nicht erwartet und schon gar nicht gesucht hat, z. B.:

- Ballistischer, eindimensionaler Elektronentransport liefert plötzlich die Erklärung für den zweidimensionalen Quanten-Hall-Effekt.
- Für die Leitfähigkeit der zweidimensionalen Elektronen im Graphen gilt das ebenso.
- Carbon nanotubes haben mechanische, thermische und elektrische Eigenschaften jenseits von Science-Fiction.

Ehe wir uns also der Herstellung von Quantendrähten widmen, nochmals zur Erinnerung: Nur Quantendrähte sind eindimensionale Elektronengase, Nanodrähte sind es nicht. Wo sind jetzt die Unterschiede zwischen Quantendrähten und Nanodrähten? Das Aussehen und die Abmessungen sind es jedenfalls nicht. Sowohl Quantendrähte als auch Nanodrähte haben einen geringen Durchmesser, der in der Größenordnung der De-Broglie-Wellenlänge liegt. Die typischen Längen der Drähte liegen für beide Fälle im Bereich von $1\,\mu$m. Die einzige Größe, in der sich Quantendrähte und Nanodrähte unterscheiden, ist die mittlere freie Weglänge der Elektronen. Bei Nanodrähten ist die mittlere freie Weglänge komplett wurscht, bei Quantendrähten hingegen muss(!) die mittlere freie Weglänge größer sein als der Drahtdurchmesser. Wenn die mittlere freie Weglänge größer als die Drahtlänge ist, ist das auch nicht schlecht, denn dann bekommt man ballistischen Transport anstelle von diffusivem Transport im Quantendraht. Ein guter Prototyp für einen Quantendraht ist daher ein in einen schmalen Streifen geschnittener HEMT, denn der erfüllt alle Bedingungen bezüglich der mittleren freien Weglänge mit Leichtigkeit. Ein Kohlenstoff-Nanoröhrchen (carbon nanotube) eignet sich ebenfalls hervorragend als Quantendraht.

4.2 Herstellung von Quantendrähten

Um Quantendrähte herzustellen, geht man traditionellerweise von einem zweidimensionalen Elektronengas in einem HEMT aus. Die Probe wird dann mit Fotolack beschichtet, anschließend werden einzelne Linien oder ein ganzes Liniengitter mit verschiedenen Methoden in den Lack hinein belichtet. Nach dem Entwickeln bleiben nur noch dünne Lackstege übrig, welche dann mit einem Ätzprozess (nasschemisch oder mit einem Plasmaprozess) auf die HEMT-Struktur übertragen werden. Alternativ dazu kann man die Lackstege stehen lassen, auf den Ätzprozess verzichten und stattdessen per angelegter Gatespannung über die unterschiedlichen Gatedicken eine modulierte Elektronenkonzentration erzeugen. Am Ende hat man HEMTs, die in viele, parallele, schmale Streifen geschnitten wurden. Ist die Breite dieser Streifen im Bereich der De-Broglie-Wellenlänge der Elektronen, spricht man von Quantendrähten.

Die Belichtung des Fotolacks geschieht mit Elektronenstrahllithographie oder Laserholographie. Da in der Frühsteinzeit der Entwicklung der Quantendrähte, also so um das Jahr 1980, Elektronenstrahllithographie an Universitäten einfach nicht zur Verfügung stand, wurden damals die meisten Quantendrähte mittels Laserholographie hergestellt. Eine Schemazeichnung für eine schon recht komfortable Variante der Laserholographie sieht man in Abb. 4.1. In dieser Variante der Laserholographie wird ein UV-Laserstrahl zunächst aufgeweitet und trifft dann auf einen Halter in Winkelform. Auf einem Schenkel des Winkels ist der mit Fotolack beschichtete HEMT angebracht, am anderen Schenkel befindet sich ein Spiegel, der den Laser auf die Probe umlenkt. Auf der Probe entsteht dann ein streifenförmiges Interferenzmuster, welches den Fotolack belichtet. Die Gitterperiode ist über den Winkel α einstellbar, und Gitterperioden von 300 nm sowie Streifenbreiten von 150 nm können mit dieser Methode durchaus erreicht werden. Nach dem Entwickeln und optionalen Ätzprozessen erhält man damit ein Gitter aus Elektronenlinien in der Probe. Anschließend werden mit normaler Lithographie ohmsche Kontakte und eine Gateelektrode zur Steuerung der Elektronenkonzentration hergestellt. Eine Schemazeichnung der fertigen Proben sieht man in Abb. 4.2. Der größte Vorteil dabei ist: Laserholographie geht schnell und ist besonders praktisch für großflächige Proben, welche dann z. B. in optischen Experimenten zum Einsatz kommen.

Abb. 4.1 Herstellung von Quantendrähten mittels Laserholographie

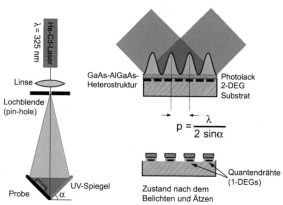

Abb. 4.2 1-D-Elektronensysteme auf HEMT-Basis mit zusätzlicher Gateelektrode. **a** Geätzte Quantendrähte mit Gate-Elektrode. **b** Dickenmodulierte Gateelektrode mit Stegen aus Fotolack (Hirler 1991)

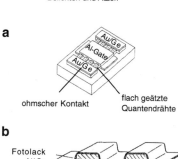

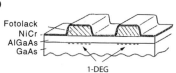

Sie meinen, die obige Herstellungsprozedur ist einfach? Falsch gedacht, es gibt da ein paar lästige Tricks, vor allem bei der Auswahl des Spiegels. Metallspiegel, besonders Aluminiumspiegel, absorbieren im UV ca. 50 % der eingestrahlten Leistung. Die überlagerten Laserstrahlen hätten dann unterschiedliche Intensität und das ist gar nicht gut für die Qualität des Interferenzmusters im Fotolack. Dann brauchen Sie einen großen Spiegel mit einem Durchmesser von ca. 15 cm. Löcher oder irgendeinen Dreck auf der Oberfläche darf der auch nicht haben, denn dann ist es aus mit dem schönen großflächigen Interferenzmuster. Sie brauchen also einen großen und perfekten dielektrischen Bragg-Spiegel. Den kann man schon kaufen, nur, die Reflexion solcher Bragg-Spiegel ist krass winkelabhängig, und das kann man erst recht nicht brauchen. Sie brauchen also einen großen, perfekten Bragg-Spiegel, der im UV für eine konstante Laserwellenlänge eine winkelunabhängige und tunlichst 100 %ige Reflexion aufweist. Wo kann man den kaufen? Nicht im Internet jedenfalls, wie ich gelernt habe, und praktisch jede Optikfirma fragt einen, angesichts dieser Anforderungen, ob man an Wahnvorstellungen leidet, und alle empfehlen einem zumindest indirekt einen Besuch beim Psychoanalytiker. Auch die Firma Zeiss gab zunächst die Auskunft, dass unsere Anforderungen für den Spiegel nicht erfüllbar sind, aber dort gibt es Leute mit Ehre. Irgendein alter Werksmeister muss damals gesagt haben, dass, wenn alle sagen, dass es nicht geht, Zeiss die Firma ist, die das dennoch hinbekommt. Yes, we can sozusagen. Sechs Wochen später bekam ich jedenfalls die berechneten Reflexionsdaten für den Spiegel, 95 % Reflexion, flach zwischen 5 und 95 Grad Einfallswinkel, nochmals drei Monate später hatte ich das Teil auf meinem Schreibtisch, und nicht wenige Leute haben vermutlich etwas länger auf ihre Gleitsichtbrillen gewartet als gedacht. Kostenpunkt des Spiegels im Jahre 1989: 10.000 DM inflationsbereinigt (2.5 %) heute (2017) also ziemlich genau 10.000 EUR. Hausaufgabe: Versuchen Sie herauszufinden, ob man heute so etwas wirklich noch bekommt und vor allem was es kostet.

Ist Ihnen das zu teuer? Kein Problem, Abb. 4.3 zeigt, wie es billiger geht. Für diese Variante braucht man einen UV-Strahlteiler (beamsplitter, ca. 120 EUR), zwei Aluminiumspiegel (je 20 EUR), zwei UV-Linsen (weniger als 100 EUR), dann noch zwei Lochblenden (pin-holes) mit Justiereinrichtung (so ca. 500 EUR) und zum Schluss noch ein paar Halterungen und Klimbim, alles zusammen nicht einmal 2000 EUR (Preise mit Stand 2018). Der Vorteil dieses Aufbaus ist: Alles ist billig und einfach,

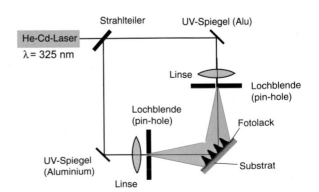

Abb. 4.3 Eine Billigvariante der Laserholographie zur Herstellung von Quantendrähten

die Verluste der Aluminiumspiegel sind egal, weil an beiden Spiegeln gleich, und besonders gut müssen die auch nicht sein, denn der Durchmesser des Laserstrahls ist sehr klein. Da findet man problemlos eine fehlerfreie Stelle auf dem Spiegel. Warum haben wir das aber nicht so gemacht und lieber den Aufbau in Abb. 4.1 verwendet? Die Antwort ist: Auch hier gibt es ein paar ziemlich lästige Tricks. Zunächst einmal informieren Sie sich als Hausaufgabe bitte über das Teilungsverhältnis von UV-Strahlteilern im Internet und vor allem auch über dessen Winkelabhängigkeit. Dann überlegen Sie sich bitte, was Sie in diesem Aufbau tun müssen, wenn Sie Quantendrähte mit anderer Periode herstellen möchten. Dazu behalten Sie bitte im Hinterkopf, was es bedeutet, einen unsichtbaren UV-Laserstrahl durch zwei Lochblenden mit einem Durchmesser von 5μm zu fädeln, und das Ganze so, dass beide Teilstrahlen hinter der Lochblende die gleiche Intensität haben. Zum Schluss überlegen Sie sich bitte, was wohl passiert, wenn sich die Labortemperatur erhöht, weil fünf Leute bei der Tür hereinkommen, und die vielleicht die Laborbeleuchtung mit zwölf Leuchtstoffröhren zu je 58 W Leistung einschalten. Hinweis: Die Belichtungszeiten lagen damals im Bereich von 10 min. Die Resultate Ihrer Überlegungen schicken Sie bitte per E-Mail an mich.

Mit fortschreitender Entwicklung der Forschungsaktivitäten auf dem Gebiet der Quantendrähte stieg das Bedürfnis nach noch kleineren und vor allem einzelnen Nanostrukturen höherer Komplexität, welche mit Laserholographie aber nicht herstellbar sind. Das Mittel der Wahl ist in diesem Fall eine Anlage für Elektronenstrahllithographie, welche schematisch in Abb. 4.4 dargestellt ist. So eine Anlage kostet ca. 600.000 EUR, ist also etwas teurer als der Spiegel von oben, dafür aber deutlich flexibler. Die Grundidee ist einfach: Man nehme ein normales Rasterelektronenmikroskop mit zwei kleinen Modifikationen, nämlich der Möglichkeit, sowohl die xy-Ablenkeinheit als auch den Strahlaustaster (beam blanker) mit einem externen Computer zu steuern, der aber tunlichst eine sehr gute und vor allem schnelle DA-Wandlerkarte haben sollte. Für professionelle Anwendungen reicht auch das nicht; man nimmt also eine spezielle und sehr teure, externe Zusatzelektronik, die dann vom Computer gesteuert wird. Dann beschichtet man die Probe mit dem richtigen Lack (PMMA, Poly-Methyl-Meta-Acrylat, auf Deutsch: ordinäres Plexiglas, kein Scherz) und schreibt mit dem Elektronenstrahl computergesteuert das gewünschte Muster in den Lack. Durch den Elektronenbeschuss werden Polymerketten im PMMA zerstört, und die belichteten Stellen liegen nach dem Entwickeln mit MIBK (Methyl-Iso-Butyl-Keton) frei. Wer es umgekehrt mag, nimmt eben einen Negativlack mit einem anderen Entwickler. Hier sorgt der Elektronenstrahl für stärkere Polymerisierung, und die belichteten Strukturen bleiben stehen. Hinweis: Negativlacke quellen bei der Entwicklung gerne etwas auf, und haben damit eine etwas schlechtere Auflösung. Für weitere Details, und davon gibt es eine Menge (Proximity-Effekt, etc.), besuchen Sie bitte eine Vorlesung und ein Laborpraktikum zum Thema Elektronenstrahllithographie. Wichtig: Elektronenstrahllithographie geht gut, kann aber in vernünftigen Zeiten nur relativ kleine Flächen belichten. Die Herstellung ganzer Computerchips mit Elektronenstrahllithographie ist auf Grund der enormen Schreibzeiten derzeit technisch nicht machbar, und daher werden nur die Masken für die konventionelle Lithographie per Elektronenstrahllithographie hergestellt. Da auch hier die Schreib-

Abb. 4.4 a
Schemazeichnung einer
Anlage zur
Elektronenstrahllithographie.
b Fotolackstege, hergestellt
durch
Elektronenstrahllithographie
mit verschiedenen
Belichtungsdosen
(Stepanova 2012)

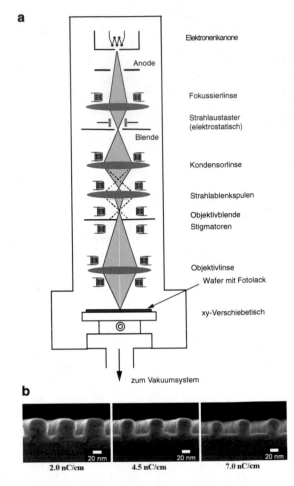

zeit für einen 6-Zoll-Wafer ewig dauern würde, beschränkt man sich auf die Maske
eines einzigen(!) Chips und belichtet den ganzen Wafer dann schrittweise mit einem
Waferstepper, der neuerdings offenbar auch als 'projection scanner' bezeichnet wird.
Hinweis: Mit einer Maske kommt man nicht zurecht, es braucht immer einen ganzen
Maskensatz, denn es braucht viele Lithographieschritte, bis so ein Chip wirklich
fertig ist. Details bitte bei Wikipedia nachlesen.

4.3   Klassische Transporteffekte im schwachen Magnetfeld

Nehmen wir mal an, Sie hätten sich bemüht, mit Laserholographie oder Elektronenstrahllithographie ein Array schöner, paralleler Quantendrähte herzustellen, und
dass Ihr Multimeter bei Raumtemperatur sagt: Die Probe lebt. Wenn Sie aber jetzt
meinen, Sie hätten wirklich echte Quantendrähte, und alles wäre unter Kontrolle,

so muss ich Sie enttäuschen. Je nach Mondstand und Voodoolage bekommen Sie statistisch eine der Situationen, welche in Abb. 4.5 dargestellt sind:

- Modulierte 2-D-Elektronensysteme (Abb. 4.5a). Hier liegt das Fermi-Niveau oberhalb der Potentialmodulation V_{mod}, und man sieht klassische Kommensurabilitätseffekte immer dann, wenn der Zyklotrondurchmesser mit einem Vielfachen der Modulationsperiode a übereinstimmt (Abb. 4.5b).
- Echte Quantendrähte (Abb. 4.5c). Hier liegt das Fermi-Niveau unterhalb der Potentialmodulation V_{mod}. Auch hier gibt es klassische Effekte, wenn der Zyklotrondurchmesser mit dem Durchmesser oder der Breite des Quantendrahts übereinstimmt (Abb. 4.5d).
- Echte Quantendrähte treten in zwei Varianten auf: Quantendrähte mit diffusivem Transport, bei denen die mittlere freie Weglänge (mean free path, mfp) der Elektronen viel kleiner ist als die Drahtlänge (Abb. 4.5e), und ballistische Quantendrähte, bei denen die mittlere freie Weglänge der Elektronen größer ist als die Drahtlänge (Abb. 4.5f). Ballistische und diffusive Quantendrähte verhalten sich völlig unterschiedlich.

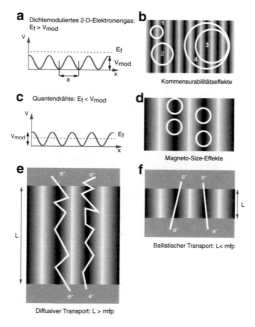

Abb. 4.5 Mögliche elektronische Grundsituationen nach der Strukturierung eines 2-D-Elektronengases. **a** Dichtemoduliertes 2-D-Elektronengas. a ist die Modulationsperiode. **b** Mögliche Orbits für Kommensurabilitätseffekte in einem dichtemodulierten 2-D-Elektronengas. **c** Echte Quantendrähte. **d** Klassische Orbits in den Potentialgräben der Quantendrähte, die zum Magneto-Size-Peak führen. **e** Typische Trajektorien bei diffusivem Elektronentransport. **f** Trajektorien für den ballistischen Elektronentransport. mfp bedeutet mean free path und auf Deutsch: Mittlere freie Weglänge

Beschäftigen wir uns zuerst mit klassischen Geometrieeffekten im Magnetfeld (magneto-size-effects). Das Prinzip ist einfach: Immer wenn der klassische Bahn-radius oder Bahndurchmesser eines Elektrons im Magnetfeld einer geometrischen Abmessung im System, also z. B. der Breite des Quantendrahts, oder der Periode der Potentialmodulation entspricht, sollte sich irgendetwas tun. Ist der klassische Bahn-radius viel kleiner als die Drahtbreite, wird sich das System wieder wie ein zweidi-mensionales Elektronengas verhalten. Wir suchen also bei kleinen(!) Magnetfeldern und verwenden dazu die Tatsache, dass sich klassische Elektronen auf Kreisbahnen bewegen und dass gilt: Lorentz-Kraft = Zentripetalkraft. Der klassische Zyklotron-radius sei R_{cycl}. Es ergibt sich dann die Beziehung

$$e \cdot v \cdot B = m \frac{v^2}{R_{cycl}}. \tag{4.1}$$

Hinweis: Blättern Sie doch einmal zurück ins Abschn. 2.4. Dort finden sich Gl. 2.47 und 2.50 für die Ausdehnung der Wellenfunktionen im Magnetfeld und es gilt ganz einfach $R_{cycl} = r_{B,n} = l_B \sqrt{2n + 1}$ für $n = 0$. Um mit der entsprechenden 1-D-Literatur kompatibel zu sein, verwenden wir im nächsten Abschnitt aber die dort übliche Bezeichnung R_{cycl}.

Machen wir aber weiter mit unserer 1-D-Thematik und schauen wir jetzt ein-mal in die Abb. 4.6. Hier sieht man den Magnetowiderstand eines modulierten 2-D-Elektronengases mit Stromfluss senkrecht zur Potentialmodulation. Die dicke Linie sind experimentellen Daten, die dünne Linie zeigt die theoretische Kurve. Unter-halb von B=0.4 T sieht man schöne Kommensurabilitätsoszillationen, die Nummern unter den Widerstandsmaxima bezeichnen die Orbits, welche in Abb. 4.5b zu sehen sind. Oberhalb von B=0.4 T beginnt der Shubnikov de-Haas-Effekt. Mehr Details

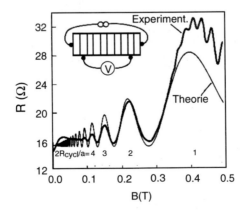

Abb. 4.6 Magnetowiderstand eines modulierten 2-D-Elektronengases mit Stromfluss senkrecht zur Potentialmodulation. a ist die Periode der Potentialmodulation, R_{cycl} der Zyklotronradius. Die dicke Linie ist die experimentelle Kurve von Weiss et al. (1989), die dünne Linie zeigt die theoretische Kurve. Die Kommensurabilitätsoszillationen unterhalb von B=0.4 T sind schön erkennbar, genauso wie die beginnenden Shubnikov-de-Haas-Oszillationen oberhalb von B=0.4 T (Beenakker und van Houten 1991)

finden sich bei Smoliner und Ploner (1989), einem alten Übersichtsartikel, der sich hauptsächlich mit dem Einfluss der Potentialform auf die experimentellen Ergebnisse in verschiedenen Nanostrukturen beschäftigt. Alternativ dazu können Sie auch den Artikel von Beenakker und van Houten (1991) lesen, der ist auch sehr gut und vor allem noch viel detaillierter.

Auch in echten Quantendrähten gibt es klassische Effekte, welche in Abb. 4.7 zu erkennen sind. In den experimentellen Daten zum Magnetowiderstand, also dem Längswiderstand gemessen als Funktion des senkrechten Magnetfeldes, sieht man ein klares Maximum (Magneto-Size-Peak) immer wenn die effektive Breite des Quantendrahts dem halben Bahnradius entspricht, also wenn $w_{eff} = R_{cycl}/2$ gilt (Abb. 4.7), behaupteten damals zumindest die Kollegen Thornton et al. (1989) in ihrem Artikel. Das ist jetzt aber nicht so wirklich intuitiv einsichtig, denn man würde eher erwarten, dass der Widerstand maximal ist, wenn die Breite dem Zyklotronradius oder dem Bahndurchmesser entspricht, aber niemals dem halben Radius. Allerdings ist die Sache nicht ganz so einfach wie man denkt. An den Rändern des Quantendrahtes gibt es nämlich zwei Sorten von Streuung: die winkeltreue Streuung (specular scattering), also ein Streuprozess, bei dem der Einfallswinkel gleich dem Ausfallswinkel ist, und die diffuse Streuung mit chaotischen Streuwinkeln, und das macht die Sache offenbar kompliziert. Zum Glück gibt es aber ein paar uralte theoretische Veröffentlichungen, in denen gezeigt wird, dass die obige Bedingung für das Widerstandsmaximum wirklich stimmt (Ditlefsen et al. 1966, und Pippard 1989).

Nun zurück zum Experiment mit unserer Probe. Der Magneto-Size-Peak bei ca. $B = 0.5$ T vergrößert sich mit steigender Backgate Spannung und verschiebt sich auch ein wenig. Der Grund hierfür ist die sinkende Elektronendichte bei steigender Backgate-Spannung und der daraus resultierende engere Potentialtopf (in Denglisch: besseres confinement). Das Problem ist nur: Was ist w_{eff}? Um es vorwegzunehmen: Die geometrische Breite ist es nicht, ich hatte sogar Drähte, bei denen w_{eff} bei

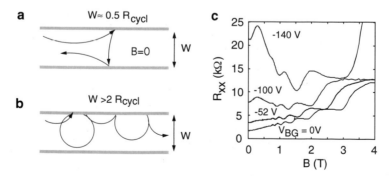

Abb. 4.7 a Typische Trajektorien im Quantendraht für sehr kleine Magnetfelder in der Größenordnung von $W \approx 0.5 R_{cycl}$. Hier sind Rückstreuprozesse dominant. **b** Typische Trajektorien für größere Magnetfelder ($W \geq 2 R_{cycl}$); die Kreisbahn der Elektronen passt also bereits völlig in den Draht (nach Beenakker und van Houten 1991) und die Streuung an den Wänden ist gering. **c** Typische experimentelle Daten zum Magneto-Size-Effekt. Die Daten wurden anno 1992 von mir selbst gemessen. V_{BG} ist die Spannung am Backgate

entsprechender Gatespannung größer als die geometrische Breite werden konnte. Wie man gleich sieht, kann die Breite w_{eff} noch dazu auf mehrere Arten definiert werden. Weiters hängt w_{eff} von der Form des aktuellen 1-D-Potentials im Quantendraht ab. Eine Möglichkeit zur Definition von w_{eff} ist

$$w_{eff} = R_{cycl}^{ms}/2, \qquad (4.2)$$

wobei R_{cycl}^{ms} der Bahnradius an der Stelle des Widerstandsmaximums (Magneto-Size-Peak) in der Magnetowiderstandskurve ist. Eine andere Möglichkeit zur Definition läuft über die eindimensionalen und zweidimensionalen Elektronendichten (n_{1D} und n_{2D}):

$$w_{eff} = \frac{n_{1D}}{n_{2D}} \qquad (4.3)$$

n_{2D} bekommt man aus dem linearen Bereich des Landau-Plots bei hohen Magnetfeldern, wo sich das System ja wieder 2-D-mäßig verhält und alles so aussieht wie beim normalen Shubnikov de-Haas-Effekt. n_{1D} muss man sich dazu allerdings noch bestimmen, und zwar mit Hilfe eines etwas mühsamen magnetic-depopulation-Experiments (siehe etwas weiter hinten im Text).

4.4   Quantenmechanische 1-D-Effekte

4.4.1   1-D-Systeme im starken Magnetfeld

In einem Quantendraht sind die Elektronen in zwei Raumrichtungen (x und z) eingesperrt, das Potential V ist also ein $V(x, z)$. Die y-Richtung bleibt die Richtung der freien Bewegung, in der die Elektronenbewegung mit einer ebenen Welle beschrieben wird. Wir tun jetzt mal so, als wäre $V(x, z) = V(x) + V(z)$. Dann können wir einfach in der Form $\Psi = \Psi(x) \cdot \Psi(y) \cdot \Psi(z)$ anschreiben. $\Psi(z)$ ist uns egal, das liefert uns nur die Energie $E(k_z)$, welche aber in diesem Fall niemanden wirklich interessiert. Allerdings kann man dieses $E(k_z)$ als Energienullpunkt benutzen, falls das gerade zweckdienlich ist. Merke: Das alles ist nicht selbstverständlich, denn die Beziehung $V(x, z) = V(x) + V(z)$ gilt nur selten. Gilt diese Beziehung nicht, hat man eine zweidimensionale Schrödinger-Gleichung am Hals, und man kann nur noch zu numerischen Methoden greifen. Diese liefern zwar, wie immer, schöne bunte Bilder, aber leider nur selten ein qualitatives Verständnis der Situation.

Bleiben wir also bei unserer vereinfachenden Annahme, dass uns das Potential in z-Richtung nicht interessiert und das verbleibende Potential nur von der x-Koordinate abhängt. Die Schrödinger-Gleichung im Magnetfeld lautet dann in der Landau-Eichung $\vec{A} = (0, Bx, 0)$

$$-\frac{\hbar^2}{2\,m^*}\left[\frac{\partial^2}{\partial x^2} + \left[\frac{\partial}{\partial y} - \frac{ieB}{\hbar}\,x\right]^2\right]\Psi(x, y) + \underbrace{\frac{m^*}{2}\omega_0^2 x^2}_{\text{Quantendraht}}\Psi(x, y) = E\Psi(x, y).$$

$$(4.4)$$

Nachdem wir die Quantisierung in die Wachstumsrichtung z abspalten konnten, bleibt für die Wellenfunktion in unserer Schrödinger-Gleichung ein Produkt einer ebenen Welle in y-Richtung, welche die Richtung der freien Bewegung darstellt, und der Wellenfunktion in x-Richtung, $\Psi(x)$. Die ebene Welle in y-Richtung interessiert nur für die kinetische Energie des Elektrons. Damit bleibt als letztes wirkliches Problem nur noch die Wellenfunktion in x-Richtung übrig. Diese wird durch das wire confinement (auf Deutsch, durch das laterale Potential im Quantendraht) bestimmt. In Formeln bekommt man für $\Psi(x, y)$ also

$$\Psi(x, y) = \Psi(x)e^{ik_y y}. \tag{4.5}$$

$\Psi(x, y)$ kann man nun in die Schrödinger-Gleichung einsetzen, und man bekommt den Ausdruck

$$\left[-\frac{\hbar^2}{2m^*} \frac{\partial^2}{\partial x^2} + \frac{1}{2}m^*\omega_c^2(x - X_0)^2 + \frac{m^*}{2}\omega_0^2 x^2 \right] \Psi(x) = E\Psi(x). \tag{4.6}$$

In dieser Formel ist

$$\omega_c = \frac{eB}{m^*}, \tag{4.7}$$

die Zyklotronfrequenz und

$$X_0 = \frac{\hbar k_y}{m^*\omega_c} \tag{4.8}$$

die sogenannte Zentrumskoordinate, die eigentlich einen Energienullpunkt für die Energie $E(k_y)$ darstellt. Vorsicht, diese Geschichte ist etwas trickreicher, als man denkt. Normalerweise würde man erwarten, dass man sich bei $E(k_y = 0)$ immer im Minimum der Energie befindet. Genau das ist hier aber nicht der Fall, denn in diesem Formalismus bekommt man das Minimum der Energie $E(k_y)$ immer bei irgendeiner beliebigen Zentrumskoordinate, die man aber erst suchen muss. Na gut, machen wir das also, aber wie? Antwort: Dazu muss man wirklich die ganze $E(k_y)$-Kurve als Funktion des Magnetfeldes ausrechnen, was aber eher unsympathisch ist. Zum Glück interessiert das aber nicht wirklich, denn das Minimum von $E(k_y)$ braucht man nur in äußerst seltenen Fällen. Wir ignorieren also diese Problematik, vergessen sie aber bitte nicht komplett und für immer, denn sonst droht beim nächsten konkreten Problem möglicherweise beträchtliche Verwirrung.

Schauen wir einmal, ob wir die obige Gl. 4.6 in eine etwas handlichere Form bringen können, indem wir die ω-Terme zusammensammeln. Schlampig formuliert, liefert die Summe aus elektrostatischem und magnetischem Potential

$$\omega^2 = \omega_0^2 + \omega_c^2 \tag{4.9}$$

und einer verallgemeinerten Zentrumskoordinate (von irgend jemandem gefunden durch göttliche Eingebung)

$$\overline{x_0} = X_0 \frac{\omega_c^2}{\omega^2} = \frac{\hbar k_y \omega_c}{m^* \omega^2} \tag{4.10}$$

wieder einen, dieses Mal um $\bar{x}_0$ verschobenen, harmonischen Oszillator

$$\left[-\frac{\hbar^2}{2m^*}\frac{\partial^2}{\partial x^2} + \frac{1}{2}m^*\omega^2(x-\bar{x}_0)^2 + \frac{\hbar^2}{2m^*}k_y^2\frac{\omega_0^2}{\omega^2}\right]\Psi(x) = E\Psi(x), \qquad (4.11)$$

aber nur, wenn man bei dieser Mathehausaufgabe keine Fehler macht. Das kostete mich allerdings volle Konzentration und fast drei Tage Zeit. Ja, ich weiß, das ist erbärmlich, und ich weiß auch, dass das jeder Maturant schneller hinbekommt, aber ich bin einfach aus der Übung, und *Wolfram Alpha* wollte mir auch nicht helfen. Schauen wir uns das Ganze aber dennoch etwas genauer an. Die Terme für das Potential im Quantendraht inklusive Magnetfeld lauten

$$\frac{m^*}{2}\omega_c^2(x-X_0)^2 + \frac{m^*}{2}\omega_0^2x^2 = \frac{m^*}{2}\omega_c^2x^2 + \frac{m^*}{2}\omega_c^2X_0^2 - \frac{m^*}{2}\omega_c^2 2xX_0 + \frac{m^*}{2}\omega_0^2x^2,$$
$$(4.12)$$

wobei wir die Quadrate gleich mal ausmultipliziert haben. Dann fassen wir auf der rechten Seite von Gl. 4.12 die ω-Terme zusammen. Mit $\omega^2 = \omega_0^2 + \omega_c^2$ bekommen wir

$$\frac{m^*}{2}\omega_c^2x^2 + \frac{m^*}{2}\omega_0^2x^2 + \frac{m^*}{2}\omega_c^2X_0^2 - \frac{m^*}{2}\omega_c^2 2xX_0, \qquad (4.13)$$

$$\frac{m^*}{2}\omega^2x^2 + \frac{m^*}{2}\omega_c^2X_0^2 - \frac{m^*}{2}\omega_c^2 2xX_0. \qquad (4.14)$$

Jetzt machen wir eine passende quadratische Ergänzung, fragt sich nur, womit? Des Rätsels Lösung sind die Terme in den Klammern:

$$\begin{aligned}
&\tfrac{m^*}{2}\omega^2x^2 + \tfrac{m^*}{2}\omega_c^2X_0^2 + \left(\tfrac{m^*}{2}\omega^2\overline{x_0}^2 - \tfrac{m^*}{2}\omega^2 2x\overline{x_0}\right) \\
&- \tfrac{m^*}{2}\omega_c^2 2xX_0 - \left(\tfrac{m^*}{2}\omega^2\overline{x_0}^2 - \tfrac{m^*\omega^2}{2}2x\overline{x_0}\right)
\end{aligned} \qquad (4.15)$$

wobei die $\overline{x_0}$ ja so definiert waren (Gl. 4.10):

$$\overline{x_0} = X_0\frac{\omega_c^2}{\omega^2} = \frac{\hbar k_y \omega_c}{m^*\omega^2}. \qquad (4.16)$$

Jetzt klammern wir die x und $\overline{x_0}$ zusammen und erhalten für die rechte Seite von Gl. 4.12

$$\frac{m^*}{2}\omega^2(x-\overline{x_0})^2 + \frac{m^*}{2}\omega_c^2X_0^2 - \frac{m^*}{2}\omega_c^2 2xX_0 - \frac{m^*}{2}\omega^2\overline{x_0}^2 + \frac{m^*\omega^2}{2}2x\overline{x_0}. \quad (4.17)$$

Dann stecken wir die restlichen X_0 in den Biomüll, wo sie tadellos kompostiert werden:

$$\frac{m^*}{2}\omega^2(x-\overline{x_0})^2 + \frac{m^*}{2}\omega_c^2\overline{x_0}^2\frac{\omega^2}{\omega_c^2}\frac{\omega^2}{\omega_c^2} - \frac{m^*}{2}\omega_c^2 2x\overline{x_0}\frac{\omega^2}{\omega_c^2} - \frac{m^*}{2}\omega^2\overline{x_0}^2 + \frac{m^*}{2}\omega^2 2x\overline{x_0}.$$
$$(4.18)$$

Wenn man genau schaut, gibt es da noch so einiges, was man rückstandslos vermodern lassen kann, und man bekommt den Ausdruck

$$\frac{m^*}{2}\omega^2(x - \overline{x_0})^2 + \frac{m^*}{2}\overline{x_0^2}\omega^2\frac{\omega^2}{\omega_c^2} - \frac{m^*}{2}\omega^2\overline{x_0}^2. \tag{4.19}$$

Jetzt werden die diversen ω-Terme ein wenig umverteilt:

$$\frac{m^*}{2}\omega^2(x - \overline{x_0})^2 + \frac{m^*}{2}\overline{x_0}^2\omega^2\left(\frac{\omega^2}{\omega_c^2} - 1\right) \tag{4.20}$$

Der ω-Term in der Klammer lässt sich auch noch etwas sparsamer anschreiben:

$$\left(\frac{\omega_0^2 + \omega_c^2}{\omega_c^2} - 1\right) = \left(\frac{\omega_0^2 + \omega_c^2}{\omega_c^2} - \frac{\omega_c^2}{\omega_c^2}\right) = \frac{\omega_0^2}{\omega_c^2} \tag{4.21}$$

Herauskommen tut schließlich

$$\frac{m^*}{2}\overline{x_0}^2\omega^2\left(\frac{\omega^2}{\omega_c^2} - 1\right) = \frac{m^*}{2}\overline{x_0}^2\omega^2\frac{\omega_0^2}{\omega_c^2} = \frac{m^*}{2}X_0\frac{\omega_c^2}{\omega^2}X_0\frac{\omega_c^2}{\omega^2}\omega^2\frac{\omega_0^2}{\omega_c^2} = \frac{m^*}{2}X_0^2\omega_c^2\frac{\omega_0^2}{\omega^2}. \tag{4.22}$$

Und damit bekommt man nach dem rückwärts Einsetzen von X_0^2 am Ende genau den Ausdruck in Gl. 4.11, nämlich

$$\frac{1}{2}m^*\omega^2(x - \overline{x_0})^2 + \frac{\hbar^2}{2m^*}k_y^2\frac{\omega_0^2}{\omega^2}. \tag{4.23}$$

Dieser verschobene harmonische Oszillator für das Potential der Quantendrähte im Magnetfeld liefert folgende, zum Glück fast nie benötigte, Wellenfunktionen aus hermiteschen Polynomen,

$$\Psi(x) = \left(\sqrt{\pi}\, 2^n\, n! \sqrt{\frac{m\omega}{\hbar}}\right)^{-1/2} e^{-x^2/2} H_n(x), \tag{4.24}$$

über deren Details Sie bitte in irgendeinem Quantenmechanik-Buch nachlesen. Die von k_y abhängigen Energiewerte (Abb. 4.8a) sind

$$E_n(k_y) = (n + 1/2)\hbar\omega + \frac{\hbar^2 k_y^2}{2m_{eff}(B)} \tag{4.25}$$

wobei $n = 0, 1, 2, \ldots$ und

$$m_{eff}(B) = m^*\frac{\omega^2}{\omega_0^2} \tag{4.26}$$

ist. Die Masse $m_{eff}(B)$ ist vom Magnetfeld B abhängig und diese Formel ist damit viel wichtiger, als man zunächst glaubt. Als Beispiel sei nur erwähnt, dass man daraus

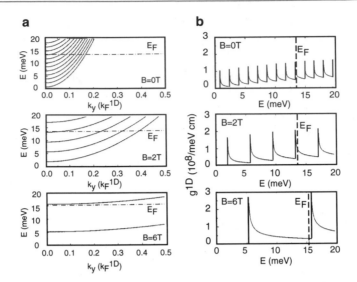

Abb. 4.8 a $E(k)$ Beziehungen im Quantendraht bei B=0 T, 2 T und 6 T. Die Kurven werden mit steigendem Magnetfeld flacher und damit immer ähnlicher den Landau-Niveaus, welche im k-Raum komplett entartet sind. **b** Die zugehörige 1-D-Zustandsdichte (Hirler 1991)

die Zustandsdichte im Magnetfeld berechnen kann, und genau das werden wir noch dringend brauchen.

Unser eigentliches Ziel ist ja die Bestimmung der 1-D-Elektronendichte und der 1-D-Quantisierungsenergien aus einem Experiment. Das Experiment der Wahl ist ein sogenanntes magnetic-depopulation-Experiment, welches folgendermaßen funktioniert: Eine Quantendrahtprobe wird mit einem Gate versehen, mit welchem man die Elektronendichte und auch die Quantisierungsenergien einstellen kann. Auf dieser Probe wird dann bei tiefer Temperatur (T=4 K) der Widerstand als Funktion des Magnetfeldes gemessen. Da die Signale klein sind, wird zusätzlich an das Gate eine kleine Modulationsspannung dV_G angelegt und anstatt des Widerstandes $R(B)$ die Änderung des Widerstandes dR/dV_G gemessen. Typische Daten sieht man in Abb. 4.9a. Verwendet wurden hier Quantendrähte mit einer Periode von a =450 nm und eine Gatespannung von -100 mV. Auf den ersten Blick sieht das aus wie die SdH-Messung am 2-D-Elektronengas. Wenn man genau hinsieht, erkennt man aber, dass der Landau-Plot, also die Peakpositionen im Magnetowiderstand, als Funktion von $1/B$ im Gegensatz zum 2-DEG vom linearen Verhalten abweicht. Die Peakposition 0 für das nullte Landau-Niveau liegt außerhalb des Messbereichs bei ca. $B = 13$ T. Hausaufgabe: Wie kann man zeigen, dass das mit den 13 T stimmt? Hinweis: Schauen Sie mal beim SdH-Effekt nach. Abb. 4.9b zeigt weniger Oszillationen, was auf größere 1-D-Quantisierungsenergien hindeutet. Das ist an sich schön, führt aber auch zu Fehlern von mehr als 20 % bei der Bestimmung der 1-D-Quantisierungsenergien. Details dazu kommen im nächsten Abschnitt.

Um aus diesen Daten die 1-D-Elektronendichte bestimmen zu können, müssen wir uns zuerst der Zustandsdichte zuwenden, die uns dann am Ende die eindimen-

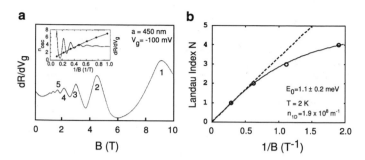

Abb. 4.9 Messdaten zweier typischer magnetischer Entvölkerungsexperimente (magnetic-depopulation-Experiment). **a** Messdaten der ersten Probe mit den Nummern der Peakpositionen (Landau-Indizes). Der Inset zeigt die Peakpositionen als Funktion von $1/B$ (Landau-Plot). **b** Ein Landau-Plot einer weiteren Probe mit deutlich weniger Oszillationen, was auf größere 1-D-Quantisierungsenergien schließen lässt

sionale Elektronendichte n_{1D} liefert. Wir verwenden zunächst die verallgemeinerte Formel für die Zustandsdichte aus dem Teil I dieses Buches und setzen ein. n ist der Subbandindex, $L = 1$, und Vorsicht, hier ist noch ein Faktor 2 für den Spin dabei.

$$D_n^{1D}(E) = \frac{2}{2\pi} \cdot \left(\frac{dE}{dk_y}\right)^{-1} \tag{4.27}$$

$$D_n^{1D}(E) = \frac{\sqrt{2m_{eff}(B)}}{\pi\hbar} \cdot \sum_{n=0}^{N} (E - E_n)^{-1/2}\Theta(E - E_n) \tag{4.28}$$

$\Theta(E - E_n)$ ist eine Stufenfunktion. Einen Plot dieser Zustandsdichte sieht man in Abb. 4.8b. Die Anzahl der Elektronen im Quantendraht gewinnt man dann durch Integrieren von Null bis E_F:

$$n_{1D} = \int_0^{E_F} D_n^{1D}(E, B)\, dE \tag{4.29}$$

Mit $E_F \approx E_N$ (E_N ist die Energie des höchsten besetzten 1-D-Subbandes) und $m_{eff}(B) = m^*\frac{\omega^2}{\omega_0^2}$ (siehe weiter oben) sowie der Summe über alle besetzten Subbänder bekommt man

$$n_{1D} = \int_0^{E_N} \frac{\sqrt{2m^*\frac{\omega^2}{\omega_0^2}}}{\pi\hbar} \cdot \sum_{n=0}^{N} (E - E_n)^{-1/2}\Theta(E - E_n)\, dE. \tag{4.30}$$

Dann nehmen wir noch die Beziehung $E_n = n\hbar\omega$ und erhalten nach dem Integrieren

$$n_{1D} = 2\frac{\sqrt{2m^*}}{\pi\hbar}\frac{\omega}{\omega_0}\sum_{n=0}^{N}(N\hbar\omega - n\hbar\omega)^{+1/2}\Theta(E - E_n) \tag{4.31}$$

und schließlich

$$n_{1D} = \frac{2\sqrt{2m^*/\hbar}}{\pi} \frac{\omega^{3/2}}{\omega_0} \sum_{n=0}^{N} (N - n)^{+1/2}\Theta(E - E_n). \qquad (4.32)$$

Weil es egal ist, ob man eine Zahlenreihe von vorne nach hinten oder umgekehrt summiert,

$$\sum_{n=0}^{N} (N - n) = \sum_{n=0}^{N} n, \qquad (4.33)$$

erhalten wir am Ende

$$n_{1D} = \frac{2}{\pi} \sqrt{\frac{2m^*}{\hbar}} \frac{\omega^{3/2}}{\omega_0} \sum_{n=0}^{N} n^{1/2}. \qquad (4.34)$$

Hausaufgabe: $N = 5$ nehmen und das Ganze auf einem Zettel Papier ausprobieren.

Jetzt brauchen wir noch N und ω_0. N bekommt man aus den experimentellen Daten, denn das ist genau die Anzahl der Oszillationen in der Magnetowiderstandskurve. Wir erinnern uns zuerst an das Dogma beim SdH-Effekt: Jedes Mal, wenn sich E_f in der Mitte zwischen zwei Landau-Niveaus (hier 1-D-Subbändern im Magnetfeld) befindet, gibt es ein Widerstandsmaximum. (Hausaufgabe: Das ganze Buch nochmal lesen, und herausfinden, unter welchen Bedingungen es Minima und wann es Maxima in den Magnetowiderstandskurven gibt. Und ganz wichtig: Alles glauben sollten Sie nicht, Fehlermeldungen bitte per E-mail an mich.) Mit jedem beobachteten Maximum in der Magnetowiderstandskurve ist also ein Subband weniger im Spiel, und die verbleibenden Subbänder sind alle randvoll besetzt. Wenn der Magnet ein genügend hohes Feld liefert, hören diese Oszillationen irgendwann auf, und der Magnetowiderstand sinkt gegen irgendeinen asymptotischen Grenzwert, der vom Mondstand und irgendwelchen Voodookräften abhängt, aber meines Wissens nach keinerlei brauchbare Information enthält. Mit der letzten beobachteten Oszillation, die Sie aber nur sehen können, wenn der Magnet wirklich ein genügend hohes Feld liefert, ist das letzte 1-D-Subband eindeutig identifizierbar, und für den Subbandindex braucht man die Oszillationen also nur noch abzuzählen. Nicht bekannt ist aber ω_0, und es bleibt einem leider nichts anderes übrig, als einen 2-Parameter-Fit der gemessenen Oszillationspositionen an die berechneten Positionen B_N durchzuführen, wobei n_{1D} und ω_0 die Fitparameter sind. Wenn man $\omega^2 = \omega_0^2 + \omega_c^2$ mit $\omega_c = \frac{eB_N}{m^*}$ in obige Formel einsetzt und nach B_N auflöst, sind die berechneten Positionen gegeben durch

$$B_N = \frac{m^*}{\hbar e} \sqrt{\left(\frac{\hbar^{1/2}\pi n_{1D}\hbar\omega_0}{\sqrt{\frac{8m^*}{\hbar}}\sum_{n=0}^{N} n^{1/2}}\right)^{4/3} - \hbar^2\omega_0^2} = \sqrt{\left(\frac{\hbar\pi n_{1D}\hbar\omega_0}{\sqrt{8m^*}\sum_{n=0}^{N} n^{1/2}}\right)^{4/3} - \hbar^2\omega_0^2}. \qquad (4.35)$$

Vorsicht: Dieser Formel kann man nicht ganz trauen. Ein Held von Haegrula hat im Formelwerk weiter oben schon einen vergessenen Faktor 2 für den Spin gefunden. Diesen Fehler habe ich hoffentlich richtig korrigiert. Die Formel sollte daher stimmen, stammt aber aus den 90-ger-Jahren aus meiner Zeit am Walter Schottky Institut und wurde von meinem Diplomanden Franz Hirler ausgerechnet oder irgendwo geklaut. Damals hat alles perfekt gepasst, aber es gab inzwischen einen gewissen 'Informationsverlust'. Nochmals nachrechnen kann also nicht schaden. Versuchen wir es also. Zur Erinnerung:

$$n_{1D} = \frac{2}{\pi} \sqrt{\frac{2m^*}{\hbar}} \frac{\omega^{3/2}}{\omega_0} \sum_{n=0}^{N} n^{1/2} \tag{4.36}$$

$$\omega^2 = \omega_0^2 + \omega_c^2 \tag{4.37}$$

$$\omega^{3/2} = \left(\omega_0^2 + \omega_c^2\right)^{3/4} \tag{4.38}$$

und natürlich gilt bis an das Ende Ihrer Karriere die Formel für die Zyklotronfrequenz

$$\omega_c = \frac{eB_N}{m^*}. \tag{4.39}$$

Dann setzten wir mal ein. Das Ergebnis unten sollte stimmen, aber die eigene Verblödung ist ein großer Feind, also als Hausaufgabe bitte nachrechnen. Ich erhalte

$$n_{1D} = \frac{2}{\pi} \sqrt{\frac{2m^*}{\hbar}} \frac{\left(\omega_0^2 + \omega_c^2\right)^{3/4}}{\omega_0} \sum_{n=0}^{N} n^{1/2} \tag{4.40}$$

und dann

$$n_{1D} = \frac{2}{\pi} \sqrt{\frac{2m^*}{\hbar}} \frac{\left(\omega_0^2 + \left(\frac{eB_N}{m^*}\right)^2\right)^{3/4}}{\omega_0} \sum_{n=0}^{N} n^{1/2}. \tag{4.41}$$

Wir wollen dieses B_N, und daher braucht es jetzt ein paar mühselige Umformungen, welche im Folgenden aufgelistet sind.

$$\frac{n_{1D}\omega_0}{\frac{2}{\pi} \sqrt{\frac{2m^*}{\hbar}} \sum_{n=0}^{N} n^{1/2}} = \left(\omega_0^2 + \left(\frac{eB_N}{m^*}\right)^2\right)^{3/4} \tag{4.42}$$

$$\left(\frac{n_{1D}\omega_0}{\frac{2}{\pi} \sqrt{\frac{2m^*}{\hbar}} \sum_{n=0}^{N} n^{1/2}}\right)^{4/3} - \omega_0^2 = \left(\frac{eB_N}{m^*}\right)^2 \tag{4.43}$$

$$
\sqrt{\left(\frac{n_{1D}\omega_0}{\frac{2}{\pi}\sqrt{\frac{2m^*}{\hbar}}\sum\limits_{n=0}^{N}n^{1/2}}\right)^{4/3}-\omega_0^2}=\frac{eB_N}{m^*} \tag{4.44}
$$

$$
B_N=\frac{m^*}{e}\sqrt{\left(\frac{n_{1D}\omega_0}{\frac{2}{\pi}\sqrt{\frac{2m^*}{\hbar}}\sum\limits_{n=0}^{N}n^{1/2}}\right)^{4/3}-\omega_0^2} \tag{4.45}
$$

Das schaut zumindest ungefähr so aus, wie die Formel 4.35 vom Kollegen Hirler. Jetzt multiplizieren wir noch ein paar $\hbar$ hinein und hinaus, kürzen etwas durch und drehen ein paar Brüche um.

$$
B_N=\frac{m^*}{\hbar e}\sqrt{\left(\frac{\hbar^{3/2}\pi n_{1D}\omega_0}{2\sqrt{\frac{2m^*}{\hbar}}\sum\limits_{n=0}^{N}n^{1/2}}\right)^{4/3}-\hbar^2\omega_0^2} \tag{4.46}
$$

$$
B_N=\frac{m^*}{\hbar e}\sqrt{\left(\frac{\hbar^{1/2}\pi n_{1D}\hbar\omega_0}{2\sqrt{\frac{2m^*}{\hbar}}\sum\limits_{n=0}^{N}n^{1/2}}\right)^{4/3}-\hbar^2\omega_0^2}=\sqrt{\left(\frac{\hbar\pi n_{1D}\hbar\omega_0}{2\sqrt{2m^*}\sum\limits_{n=0}^{N}n^{1/2}}\right)^{4/3}-\hbar^2\omega_0^2} \tag{4.47}
$$

Sieg! $2\sqrt{2m^*}=\sqrt{8m^*}$, und damit haben wir Gl. 4.35 vom Kollegen Hirler erfolgreich nachgerechnet.

Zurück zum eigentlichen Thema, und das war die Bestimmung der 1-D-Elektronendichte und die Bestimmung der 1-D-Subbandenergien aus einer Magnetowiderstandskurve mit Hilfe von obiger Formel und einem 2-Parameter-Fit. Abb. 4.9 zeigt typische Daten. Bei kleinen Feldern ist der Landau-Plot nicht linear, und die Abweichung vom linearen Verhalten bestimmt die 1-D-Subbandenergien. Je nichtlinearer der Plot, desto höher ist $\hbar\omega_0$. Sowohl ω_0 als auch n_{1D} lassen sich aus diesem Plot gewinnen. Aber Vorsicht, der 2-Parameter-Fit macht erhebliche Fehler für die Subbandenergien bei kleinem ω_0 ($\hbar\omega_0 \leq 1$ meV). 20 % Fehler sind da locker drin. Bei großem ω_0 ($\hbar\omega_0 \gg 1$ meV) ist die Situation aber auch nicht besser, hier kommen die Fehler dann von der geringen Anzahl der beobachteten Oszillationen in der Magnetowiderstandskurve.

4.4.2   Magnetophononstreuung in Quantendrähten

Da die magnetic-depopulation-Experimente keine besonders genauen Werte für die 1-D-Subbandenergien liefern, sind alternative Methoden zur Bestimmung der 1-D-Quantisierungsenergien gefragt. Eine simple Möglichkeit besteht mit Hilfe von freundlichen Phononen über die Magnetophononstreuung. Magnetophononstreuung funktioniert in allen Dimensionen und folgt für Elektronen in 1-D-Systemen der primitiven Idee, dass für eine besonders hohe Streurate zwischen Elektronen und LO-Phononen die Phononenergie ein Vielfaches des 1-D-Subbandabstandes sein soll (im GaAs ist $\hbar\omega_{LO} = 36\,\text{meV}$). Das Experiment wird bei mittleren Temperaturen von $T = 120$ K und nicht im flüssigen Helium durchgeführt, weil nur dann ein LO-Phonon von den Elektronen im Magnetfeld besonders effizient absorbiert(!) werden kann. Bei tiefen Temperaturen geht das nicht, einfach aus dem simplen Grund, weil bei $T = 4$ K keine freien Phononen im Kristall existieren. Zur Erinnerung (siehe Band I dieses Buches): Phononen sind Bosonen und haben eine spezielle Verteilungsfunktion, die phonon occupation number. Die sieht fast so aus, wie die Fermi-Verteilung, hat aber ein -1 im Nenner, und nicht $+1$ wie bei der Fermi-Statistik:

$$< n_\omega > = \frac{1}{e^{\frac{\hbar\omega}{kT}} - 1} \qquad (4.48)$$

Die Temperatur sollte also $T \approx 100 \ldots 150$ K betragen, weil nur dann $< n_\omega >$ vernünftige Werte annimmt. Phononenemission geht natürlich bei jeder Temperatur, aber die nützt hier nichts, denn in diesem Experiment wird eben eine Phononenabsorption benötigt. Bei höheren Temperaturen gäbe es zwar noch mehr Phononen, welche zur Absorption zur Verfügung ständen, aber das hilft einem auch nicht, weil bei höheren Temperaturen die Bedingung $\omega_c \tau \geq 1$ nicht mehr erfüllt ist. Wenn man schöne Daten will oder aus irgendeinem Grund vielleicht doch zu etwas höheren Temperaturen gehen möchte, muss auch das Magnetfeld B groß genug sein, am besten $B>15$ T, und das braucht einen wirklich großen und wirklich teuren Magneten. Mit den Energien für den Quantendraht im Magnetfeld unter der Annahme eines parabolischen Potentials

$$E(B) = \left(n + \frac{1}{2}\right)\hbar\omega_{eff}, \qquad (4.49)$$

$$\hbar\omega_{eff} = \sqrt{(\hbar\omega_c)^2 + \underbrace{(\hbar\omega_0)^2}_{\text{Quantendraht}}} \qquad (4.50)$$

lautet die Resonanzbedingung für diesen Streuprozess also

$$n \cdot \hbar\,\omega_{eff} = \hbar\,\omega_{LO}. \qquad (4.51)$$

Diese Resonanzbedingung kann mit der Beziehung $\omega_c = \frac{eB}{m^*}$ in die Form

$$B^2 = \left(\frac{m^*}{e\hbar}\right)^2 \cdot \frac{(\hbar\omega_{L0})^2}{N^2} - \left(\frac{m^*}{e\hbar}\right)^2 (\hbar\,\omega_0)^2 \qquad (4.52)$$

umgeschrieben werden. Die Werte von B^2 sind die Magnetfelder, bei denen man irgendwelche Strukturen im Magnetowiderstand beobachtet. Ja, die Wortwahl 'irgendwelche Strukturen' ist schlampig, aber die Signale sind klein, und man nimmt, was man bekommen kann, zur Not sogar die Ableitung der Messkurve. Typische Messdaten können in Abb. 4.10a besichtigt werden. Macht man dann einen Plot der Positionen der Maxima in der Form von B^2 über $1/N^2$ (Abb. 4.10b) bekommt man

- aus dem Achsenabschnitt der Gerade mit der B^2-Achse den Wert für ω_0
- und aus der Steigung die effektive Masse.

Wichtiger Hinweis: Bei einer genauen Analyse dieses Effekts (Mori et al. 1992) kommt man darauf, dass es im 1-D-Fall nicht von vornherein klar ist, ob Widerstandsminima oder Maxima zu beachten sind! Will man diese Aspekte auch noch bei der Datenanalyse mitnehmen, so wird die Auswertung aber ziemlich mühsam.

Zum Schluss nochmal ein Blick auf die experimentellen Daten: Wie sich herausstellt, sind die 1-D-Quantisierungsenergien aus den Magnetophonon-Experimenten systematisch höher als die Werte aus den magnetic-depopulation-Daten und noch dazu in reproduzierbarer Weise auf mehreren Proben. Das war natürlich verdächtig, und so haben wir versucht, die Ursache dafür zu finden. Eine einfache und auch einleuchtende eindimensionale Erklärung für die Sache findet sich in Abb. 4.11. In Abb. 4.11a und 4.11b sieht man schematisch die Form des Quantendrahtpotentials bei $B = 0$ T und bei niedrigen Magnetfeldern. Das Potential ist kosinusförmig und der Abstand der Energieniveaus nahe der Fermi-Kante ist gering. Erhöht man das Magnetfeld, werden die Energieniveaus am oberen Rand des Potentials

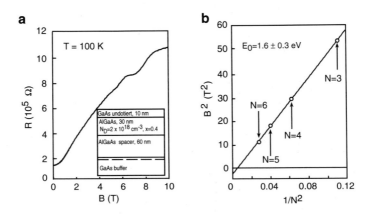

Abb. 4.10 **a** Typische 1-D-Magnetophonon-Daten. **b** Zugehöriger Auswertungsplot zur Bestimmung der 1-D-Subbandenergien und der effektiven Masse (Smoliner und Ploner 1989)

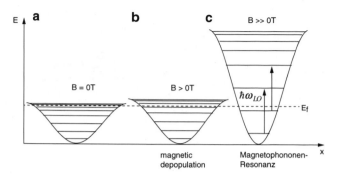

Abb. 4.11 a, b Schematischer Vergleich der Potentialformen in magnetic depopulation Experimenten bei kleinen Magnetfeldern. **c** Potentialform beim Auftreten von 1-D-Magnetophononen-Resonanzen bei hohen Feldstärken

durch das Fermi-Niveau geschoben, und man erhält die oben erwähnten Oszillationen im Magnetowiderstand und als Resultat einen relativ geringen Abstand der 1-D-Energieniveaus. Abb. 4.11c zeigt die Situation für eine Magnetophononen-Resonanz mit der Bedingung $\hbar\omega_{LO} = 2\hbar\omega_c$. Diese wird nur bei hohen Magnetfeldern beobachtet, bei denen wegen der hohen Zustandsdichte im Magnetfeld oft nur noch die untersten Energieniveaus am Boden des Potentials im Quantendraht besetzt sind. Von dort aus werden die Elektronen per LO-Phononen-Absorption in höhere Energieniveaus befördert. Das Magnetophononen-Experiment sieht also im Gegensatz zum magnetic-depopulation-Experiment die Energieniveaus am Boden des Quantendrahtpotentials, die wegen des kosinusförmigen Potentials natürlich einen größeren Abstand haben als die Niveaus an der Fermi-Kante.

Wer mehr Details über diese Story wissen möchte, lese bitte im Übersichtsartikel von Smoliner und Ploner (1989) nach.

4.5   1-D-Effekte in 2-D-Elektronensystemen

4.5.1   Ballistischer 1-D-Transport

Bisher galt immer, dass die mittlere freie Weglänge (mean free path) im Quantendraht $l_{mfp} \gg \Delta z$ und aber auch gleichzeitig $l_{mfp} \gg \Delta x$ sein sollte, wobei Δz die geometrische Dicke in Wachstumsrichtung (z) und Δx die geometrische Breite des Quantendrahts war. Jetzt kann man aber noch zwei zusätzliche Fälle unterscheiden und zwar:

- Die mittlere freie Weglänge ist kleiner als die Länge der Probe in y Richtung: Damit ist man im diffusiven Transportbereich.
- Die mittlere freie Weglänge ist größer als die Länge der Probe in y Richtung: Damit ist man im ballistischen Transportbereich.

Abb. 4.12 Ballistischer
1-D-Transport in einer
Split-Gate Struktur auf
einem GaAs-AlGaAs
HEMT. Man beobachtet eine
Quantisierung der
Leitfähigkeit (Berggren et al.
2010)

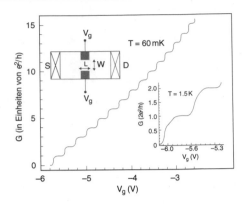

Abb. 4.12 zeigt das klassische Experiment zum ballistischen Transport in Halbleitern. Gemessen wird der Widerstand eines kurzen Quantendrahtes, hier realisiert als Split-Gate-Struktur auf einem GaAs-AlGaAs-HEMT. Wird eine Spannung an das Split-Gate angelegt, so reduziert sich in erster Näherung nur die Elektronendichte im Draht, d. h., die 1-D-Subbänder werden sukzessive entvölkert. Im Experiment beobachtet man das dann als irgendwelche Stufen im Widerstand. Noch viel schöner sieht man die Stufen aber in der Leitfähigkeit, und es gilt:

$$G = \frac{2e^2}{h}\, i \tag{4.53}$$

i ist die Zahl der besetzten Subbänder im 1-D-System. Das ist sehr ähnlich der Formel aus dem Quanten-Hall-Effekt:

$$\sigma_{xy} = \frac{ie(eB/h)}{B} = \frac{e^2 i}{h}, \tag{4.54}$$

was einen guten Grund hat, wie wir gleich nachher sehen werden. Für ein 1-D-Elektronengas gilt ganz allgemein für die Energie

$$E = E_i + \frac{\hbar^2 k^2}{2\,m^*}, \tag{4.55}$$

für die Geschwindigkeit

$$v_i = \frac{dE_i}{dk} \cdot \frac{1}{\hbar} \tag{4.56}$$

und für die Zustandsdichte im i-ten Subband (mit Spinentartung!)

$$D_i\,(E) = 2\left(\frac{2\pi\,dE_i}{dk}\right)^{-1}. \tag{4.57}$$

Jetzt ersetzen wir in der Formel für die Stromdichte im Energieintervall dE

$$j\,dE = n\,(E)\,ev\,dE \tag{4.58}$$

die Elektronenkonzentration $n(E) = D_i(E)\,dE$ mit Hilfe der Zustandsdichte und erhalten

$$jdE = ev_i D_i(E)dE_i = e\frac{dE_i}{dk} \cdot \frac{1}{\hbar} \cdot 2\left(\frac{2\pi\,dE_i}{dk}\right)^{-1}dE_i = \frac{2e}{h}dE_i. \qquad (4.59)$$

Da sich die Zustandsdichte und Geschwindigkeit von oben herausgekürzt haben, bleibt inklusive Spinentartung Folgendes übrig:

$$jdE = i\left(\frac{2e}{h}\right)dE \qquad i \dots \text{Anzahl der beteiligten Subbänder} \qquad (4.60)$$

Die Leitfähigkeit des Quantendrahtes ist $G = \frac{dI}{dV}$ und mit $dE = edV$ folgt dann sofort:

$$G = \frac{2e^2}{h} \cdot i \qquad (4.61)$$

Wieso steht hier jetzt plötzlich I in der Formel $G = \frac{dI}{dV}$ für die Leitfähigkeit, und was ist mit dem j passiert? Ganz einfach: In einer eindimensionalen Struktur sind der Strom und die Stromdichte formal das gleiche. Verblüffend, nicht wahr?

Ok, hier ist des Rätsels Lösung: Die Einheit der Stromdichte ist in 3-D: A/m^2, in 2-D A/m und in 1-D daher $A/1$ ganz ohne Flächeneinheit.

4.5.2 Der Quanten-Hall-Effekt als 1-D-Phänomen

Einem Elektrotechniker sind die Details über die Feinheiten des Quanten-Hall-Effekts ohnehin egal, daher beschränken wir uns hier mal wieder auf das minimal Nötigste auf Biertischniveau. Weiterhin verwenden wir zur Erklärung wieder einmal biblische Bilder und Gleichnisse, die zwar im Detail wie immer falsch, dafür aber erleuchtend und besonders einprägsam sind. Glauben wir also in der Ausgangssituation den Physikern und im Detail an Abb. 4.13a und 4.13b. Abb. 4.13a stellt die Potentiallandschaft in einer Hallprobe dar, in der sich das Fermi-Niveau zwischen zwei Landau-Niveaus, genauer gesagt knapp unterhalb eines leeren Landau-Niveaus, befindet. Das nächste tiefere Landau-Niveau sei komplett voll, das leere Landau-Niveau darüber werde nur gerade mal so eben von unten angekratzt. Zum besseren Verständnis stellen Sie sich am besten einen Stausee in den Alpen vor, aus dem fast das ganze Wasser abgelassen wurde. Das tiefer liegende, komplett volle Landau-Niveau sei so etwas wie das zu hoch stehende Grundwasser, das wir aber vorerst ignorieren; der interessierende energetische Bereich darüber ist der fast leere Stausee. Die Wände des Tals sind steil, der Talboden ist einigermaßen, aber nicht völlig flach. Irgendwo mitten im Tal gebe es ein paar größere grüne Hügel und ein paar blaue Wassertümpel mit Fischen (= Elektronen). Betrachten wir nun Abb. 4.13d. Hier ist der Wasserstand (= Fermi-Niveau) sehr niedrig, es gibt nur isolierte Tümpel mit Wasser im Stausee (= isolierte Elektronentümpel, im Jargon lokalisierte Zustände genannt). Die zu diesem System, also die zu diesem Landau-Niveau gehörende Leitfähigkeit

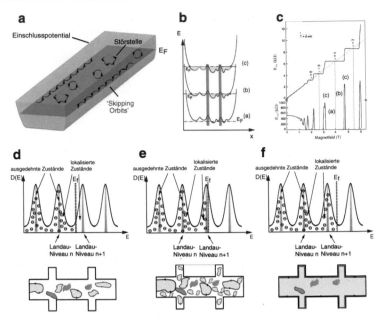

Abb. 4.13 Ein Quanten-Hall-Effekt Poster für die Pinwand im Büro. **a** Skipping Orbits in einer Quanten-Hall-Probe in 3-D Darstellung . Die gezeigte Situation entspricht der Abb. 3.13b, Situation (c) und der Abb. 3.13f. **b** Schnitt durch die Potentiallandschaft für unterschiedliche Lagen des Fermi-Niveaus innerhalb des höchsten besetzen Landau-Niveaus. **c** Zugehörige experimentelle Daten. **d-f** Zustandsdichte und schematische Darstellung der Elektroneninseln in der Probe für die unterschiedlichen Lagen des Fermi-Niveaus. (Adaptiert nach Gross und Marx 2014;Sauer 2009; Klitzing 1986)

ist null, die Wassertümpel im Stausee sind voneinander getrennt, und die Fische (Elektronen) kommen nicht von Tümpel zu Tümpel. Um zum Quanten-Hall-Effekt zu kommen, muss man etwas Zusätzliches bedenken, nämlich, dass die Elektronen zwar im Inneren der Elektronentümpel festsitzen, es aber am Rand der Elektronentümpel durch das Magnetfeld erzeugte skipping orbits gibt, auf denen die Elektronen den Tümpel umkreisen können. Vereinzelte Potentialhügel innerhalb eines Elektronentümpels werden ebenfalls umkreist (Abb. 4.13a). Details zum Warum und Wieso kommen etwas später. Stellen Sie sich einfach Fische vor, die an den Ufern der Tümpel nach Nahrung suchen und dazu rund um den Tümpel schwimmen, da es im tiefen Wasser nichts zu essen gibt. Diese Fische sind in delokalisierten Zuständen, denn sie bewegen sich ja auf der Futtersuche über größere Distanzen. Die Fische in der Mitte der Tümpel sind satt, machen ein Verdauungsschläfchen oder schwimmen im Kreis auf ihren Landau-Orbits, nur raus aus dem Tümpel kommen sie nicht, mit anderen Worten, sie sind in lokalisierten Zuständen.

Füllen wir nun langsam den Stausee, bzw. erhöhen wir das Fermi-Niveau in der Probe entweder durch ein sinkendes(!) Magnetfeld oder mit einer passenden steigenden Gatespannung. Die Tümpel werden größer, und einige werden sich vereinigen. Die Elektronen (Fische) können in den größeren Tümpeln nun entlang des Randes größere Runden drehen, aber die Leitfähigkeit ist noch immer null. Dies entspricht der Situation in Abb. 4.13e. In Abb. 4.13f ist der See so weit gefüllt, dass die Tümpel geschlossen sind und das Wasser zum ersten Mal überall die steilen Felswände erreicht. Es besteht nun eine geschlossene Uferlinie im ganzen Stausee und damit erheblich mehr Freiheit für die Fische wegen der delokalisierten Zustände, durch die sich die Fische entlang der Ränder durch die ganze Probe bewegen können. Die Fische in der Mitte des Stausees machen weiterhin ihr Verdauungsschläfchen und nehmen am Stromtransport nicht teil. Etwas wissenschaftlicher: Wir haben damit die Mitte des nächsten Landau-Niveaus erreicht, und es gibt nun delokalisierte Zustände in Form der skipping orbits, welche nun die ganze Probe umschließen. Das Fermi-Niveau befindet sich also im Zentrum des Landau-Niveaus. Das Probeninnere bleibt in diesem Modell weiterhin nichtleitend.

Für die Elektronen am Rand der Probe nehmen wir jetzt noch zusätzlich an, dass wir durch den Probenrand (steiles elektrostatisches Potential) auf der einen Seite und den Einfluss der Lorentz-Kraft auf der anderen Seite einen echten eindimensionalen Elektronenkanal haben, in dem sich die Elektronen auf ihren skipping orbits, oft auch edge states genannt, bewegen. Wenn diese Randkanäle nun echte 1-D-Zustände sind, ist die Leitfähigkeit für diesen Randkanal (inklusive Spinentartung) sofort gegeben durch (siehe oben) $G = \frac{2e^2}{h}$. In anderen Worten: Besetze ich durch eine passende Gatespannung oder ein passendes (kleineres) Magnetfeld ein zusätzliches Landau-Niveau, so steigt die Gesamtleitfähigkeit der Probe um $G = \frac{2e^2}{h}$. Da sich in der allerprimitivsten Vorstellung diese Randkanäle kreisförmig rund um die ganze Probe ziehen, sinkt damit natürlich auch der Hall-Widerstand zwischen den gegenüberliegenden Hall-Kontakten um den Kehrwert der Leitfähigkeit, womit wir die Stufen im Hall-Widerstand tadellos erklärt hätten. Die Breite der Stufen (Abb. 4.13c) ist gegeben durch die Zustandsdichte der delokalisierten Zustände und damit durch den Spannungs- oder Magnetfeldbereich, den es braucht, um das nächste Landau-Niveau komplett zu füllen. Will man das Fermi-Niveau weiter erhöhen, muss man das nächste höhere Landau-Niveau (den nächsten höher gelegenen Stausee) verwenden, und das Spiel beginnt von vorne. Die Leitfähigkeit der Probe bleibt dabei konstant, da sich die Anzahl der besetzten Randkanäle erst ändert, wenn man das Zentrum des nächsten Landau-Niveaus erreicht hat.

Hinweis: Ein echter Quanten-Hall-Freak hat immer einen dicken, supraleitenden Magneten in einem Kryostaten bei sich griffbereit im Labor herumstehen. Der Kryostatendurchmesser liegt bei ca. 70 cm, die Kryostatenhöhe bei ca. 2 m, und ordentlich kalt ist es darinnen auch, nämlich gerne $T < 100$ mK. Hausaufgabe: Im Internet die Herstellerseiten von supraleitenden Magneten besuchen und sich die beeindruckenden Details ansehen.

Bei hohen Magnetfeldern, bei denen der Quanten-Hall-Effekt gerne gemessen wird, sind die Landau-Niveaus durch den Spin aufgespalten, und es gibt keine Spinentartung mehr. Bei niedrigen Magnetfeldern existiert die Spinaufspaltung nicht und man sieht in der Messung daher nur geradzahlige Vielfache von $\frac{e^2}{h}$, also scheinbar $G = i \cdot \frac{2e^2}{h}$ mit i einer ganzen Zahl. Bei hohen Magnetfeldern ist das nicht mehr so, und es gilt $G = i \cdot \frac{e^2}{h}$. Bei wirklich ganz hohen Magnetfeldern gibt es dann den nächsten Nobelpreis für den fraktionierten Quanten-Hall-Effekt, aber das ist eine andere Geschichte.

Gut, das war jetzt alles vielleicht nicht besonders wissenschaftlich, aber das Prinzip sollte zumindest irgendwie anschaulich klar geworden sein. Wenn man jetzt aber etwas genauer hinsieht, erkennt man, dass das alles eigentlich ganz und gar nicht so klar ist, wie man meint, und dass man verständnismäßig die Tore zur Hölle aufgestoßen hat. Um Ihnen einen Eindruck zu vermitteln, in welche Schwierigkeiten man da hineinläuft, wollen wir noch drei Dinge diskutieren: Die Stromkontakte, die dafür sorgen, dass sich die Randkanäle eben nicht im Kreis durch die ganze Probe ziehen, den Mechanismus, der dafür sorgt, dass wir wirklich 1-D-Kanäle am Probenrand haben und nicht nur eine höhere Elektronenkonzentration, und schließlich, die mittlere freie Weglänge, die bei weitem nicht so groß ist, wie sie sein sollte. Die Stromkontakte machen noch die geringsten Schwierigkeiten; wir folgen dazu der Argumentation der Kollegen Gross und Marx (2014), und werfen dazu einen Blick auf Abb. 4.14.

Weil man den hier nicht unbedingt braucht, kehrt auch der Kollege Gross jedweden, unnötig komplizierten Landauer-Büttiker Formalismus ganz dezent unter den Teppich und argumentiert folgendermaßen: Der Strom fließt von Kontakt 1 zu Kontakt 4 und verschwindet dort. Die Elektronen drehen also sicher keine komplette Runde durch die Probe, weil sie ja eben vom Kontakt 4 abgesaugt werden. Kontakt 4 kann problemlos auf Masse liegen. Wegen des Magnetfeldes und der Lorentz-Kraft fließt der Strom aber nur am oberen Rand der Probe, wo sich wegen der Hall-Spannung eine Überschusskonzentration von Elektronen in den Randkanälen gebildet hat. Da Kontakt 5 und 6 keinen Strom aufnehmen (hochohmige Spannungsmessung) und der Stromtransport, wie weiter oben diskutiert, ballistisch ist, haben im hohen Magnetfeld beide Kontakte das gleiche Potential wie Kontakt 1, nämlich V_6. Der Spannungsabfall $V_1 - V_4$ wird also erst im Kontakt 4 vernichtet aber nicht auf dem Weg dorthin. Am unteren Rand der Probe gibt es einen Elektronenmangel (Löcher sozusagen). Daher fließt der Strom in die entgegengesetzte Richtung, und die Kontakte 2 und 3 liegen auf dem gleichen Potential wie Kontakt 4, nämlich auf null. Der Widerstand zwischen Kontakt 2 und 6 (oder 3 und 5) ist damit bei Spinentartung

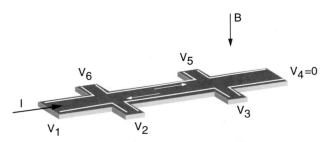

Abb. 4.14 Randkanäle beim Quanten-Hall-Effekt. V_n ist die Spannung am jeweiligen Kontakt, I der Strom durch die Probe und B das Magnetfeld senkrecht zur Probenebene

$$R_{6,2} = \frac{V_6 - V_2}{I} = \frac{h}{2e^2} \cdot \frac{1}{i}. \tag{4.62}$$

Und fertig.

Was ist jetzt der Grund dafür, dass sich die Elektronen am Probenrand sammeln und wir so schöne quantisierte 1-D-Randkanäle haben? Das elektrische Feld, welches durch die Hall-Spannung entsteht, kann es alleine nicht so recht sein, denn das ist ziemlich klein. Auf üblichen Proben ist die Hall-Spannung bei einer Probenbreite von, sagen wir, $10\mu m$ in der Größenordnung von 1mV und das reicht nicht für einen schönen Potentialtopf mit vernünftigen Quantisierungsenergien am Probenrand. Wer das nicht glaubt, mache bitte folgende einfache Hausaufgabe: Hall-Spannung und Hall-Feld für typische Proben berechnen mit: $I = 1\,\mu A$,, $B =1$ T, Elektronenkonzentration $3 \cdot 10^{11} \text{cm}^{-2}$, Probenbreite $10\,\mu m$. Bitte die Tiefe des Potentialtopfes ebenfalls ausrechnen.

Woher kommen jetzt also diese schönen eindimensionalen Randkanäle? In der Literatur findet man meistens Formulierungen wie, 'An den $E(k)$ Beziehungen unter Berücksichtigung der Probenränder im Magnetfeld kann man erkennen, dass sich dort Randkanäle bilden'. Naja, natürlich stimmt das, aber anschaulich ist das nicht, und um die Randkanäle in den $E(k)$ Beziehungen zu erkennen, musste ich auch erst mal etwas länger meditieren.

Probieren wir es also mal auf eine anschauliche Art und Weise, die mir plausibel erscheint, die ich aber in keinem Buch und auch im allwissenden Internet nicht verifizieren konnte: Irgendwo im Kapitel über den klassischen Hall-Effekt findet man folgende Formel für das Feld in y-Richtung:

$$E_y = -\frac{e\tau}{m^*} B E_x \tag{4.63}$$

E_x ist in einer normalen Hall-Messung sehr klein, und damit ist die Driftgeschwindigkeit $v_x = \mu E_x$ auch sehr klein und das hilft zunächst einmal gar nichts. Aber: Es gibt ja noch die Elektronen an der Fermi-Kante bei E_F (und gerade die sind ja für alle Transporteffekte verantwortlich), denen man ja eine Fermi-Geschwindigkeit $v_{F,x} = \sqrt{2E_F/m^*}$ zuordnen könnte. Bei den typischen Elektronenkonzentrationen in einem HEMT von ca. $3 \cdot 10^{11} \text{cm}^{-2}$ und den zugehörigen Fermi-Energien von ca. 20 meV ist das dann nicht mehr ganz so langsam. Jetzt könnte man dieser Geschwindigkeit rückwärts ein virtuelles elektrisches Feld $E_x = v_x/\mu$ zuordnen und daraus ein virtuelles E_y ausrechnen, mit dem die Elektronen an der Fermi-Kante gegen den Probenrand gedrückt werden. Wenn mein Taschenrechner nicht lügt und ich mich nicht vertippt habe, bekommt man so Werte von $E_y \approx 3$ kV/cm bei einem Magnetfeld von $B=1$ T, und das reicht durchaus für eine halbwegs anständige Quantisierung in den Randkanälen. Aber wie gesagt, das ist nur so eine Idee von mir. Hausaufgabe: Vielleicht finden Sie ja doch etwas zu dem Thema im Internet.

Werfen wir zum Schluss noch einen Blick auf die mittlere freie Weglänge. Die mittlere freie Weglänge im Randkanalmodell ist ein echtes Problem, denn die ist sicher viel kleiner als die Distanz zwischen den Hall-Kontakten und natürlich sehr viel kleiner als der Probenumfang. Zwar gibt es irgendwelche Argumente über reduzierte Rückwärtsstreuung im Randkanal, aber das ist wieder so eine Geschichte für sich selbst, die den Rahmen dieses Buches sprengt. Trotz all dieser Argumente über reduzierte Rückwärtsstreuung geht sich das trotzdem alles nicht aus, und zwar um Größenordnungen nicht. In den Büchern findet man nichts und Wikipedia hat erstaunlicherweise auch keine Ahnung zu diesem Thema, und zwar so richtig überhaupt keine Ahnung. Was tun, war nun die Frage. Social Engineering ist die Antwort, aber das braucht einen gewissen Mut, weil man will sich ja nicht blamieren. Nach einigen Tagen des Meditierens darüber, ob ich mich das wirklich trauen soll, habe ich dann wort-wörtlich folgende E-Mail an den großen Meister selbst geschrieben:

Sehr geehrter Herr von Klitzing,

ich schreibe gerade an einem Halbleiterelektronik-Buch optimiert für die Studenten der TU-Wien, die gerade im vierten bzw. sechsten Semester sind, und dabei entdeckt man Fragen, die man seit mehr als 25 Jahren komplett übersehen hat.

Eine davon ist folgende: Für den Quanten-Hall-Effekt ist das Randkanalmodell ja wirklich eine elegante Erklärung. Nur: Wie schaut es da aus mit den mittleren freien Weglängen? In der Praxis sind die Probenabmessungen immer viel größer als der mean free path in selbst den besten Proben, und das scheint mir ein Widerspruch zu sein, oder ich bin einfach geradeaus zu dumm. Für ein wenig Nachhilfe wäre ich also sehr, sehr dankbar.

Drei Tage später kam zurück, ich konnte es kaum glauben:

Lieber Herr Smoliner, vielen Dank für Ihre E-Mail. Wir kämpfen schon seit Jahren gegen ein falsches Randkanalbild. Der dissipationslose Hall-Strom fließt nicht in den kompressiblen Randstreifen (entspricht den Kreuzungspunkten der Landau-Niveaus mit der Fermi-Energie), sondern in den inkompressiblen Bereichen. Ich verwende gerne das Bild wie in beiliegender Figur 6 (siehe begefügte Literatur) Ich hoffe, dass Sie die Grundidee verstanden haben. Viele Grüße, Klaus v. Klitzing

Äääääh, ja, aha, interessant, genau so wird es wohl sein, aber eine Spontanerleuchtung ließ wegen meines offenbar doch gröberen Mangels an Hintergrundwissens leider, leider auf sich warten. Daher habe ich mich für Sie unter erheblichen Schmerzen und Qualen aufgerafft, und tatsächlich ein paar Details nachgelesen (Die Literatur wurde zuvorkommenderweise von Herrn Klitzing mitgeschickt) und zwar:

- In der sehr informativen Dissertation von Erik Ahlswede (2002) über Potential und Stromverteilung beim Quanten-Hall-Effekt bestimmt mittels Rasterkraftmikroskopie.
- Im Übersichtsartikel über 25 Jahre Quanten-Hall-Effekt von Klitzing et al. (2005).
- Im 'Artikel Metrology and microscopic picture of the integer Quantum-Hall-Effect' von Weis (2011).
- und im Artikel 'Current distribution and Hall potential landscape towards breakdown of the quantum Hall effect: a scanning force microscopy investigation' von Panos et al. (2014) und den darin enthaltenen Zitaten von Chklovskii et al. (1992) und Chklovskii et al. (1993) Hausaufgabe: Bitte $51\ \mathrm{T}^{-1}$ in $\mathrm{cm^2/Vs}$ umrechnen.

Was habe ich daraus gelernt? Das Randkanalbild ist leider nicht so einfach, wie bisher dargestellt. Es gibt Details ohne Ende, und in diesem Buch bringt es wirklich nichts, sich damit zu beschäftigen. Das ist nur etwas für diejenigen, die wirklich in die Welt des Quanten-Hall-Effekts eintauchen wollen. Das ist aber nichts Schlimmes. Wir, also Sie und ich werden als Wissenschaftler immer mit der Situation leben müssen, dass auf der einen Seite die Welt ist, in der wir leben, essen, schlafen und unsere Parties abfeiern, und auf der anderen Seite gibt es ein mathematisches Bild unserer Welt. Dieses mathematische Bild ist manchmal einfach und sehr gut (siehe klassische Mechanik und Maxwell Gleichungen in der Elektrodynamik), und manchmal eben etwas unnötig kompliziert. Wenn man Glück hat, findet irgendjemand eine elegantere Lösung (Die Stichworte sind: Äther-Theorie und Maxwell Gleichungen). Wenn man Pech hat, muss man eben darauf warten. Die Stichworte sind z. B.: Dunkle Materie und der zugehörige Schwachsinn, an den ich persönlich absolut nicht glaube. Es gibt also offenbar gute Modelle unserer Welt, jede Menge verbesserungswürdige Modelle, aber eine absolute Wahrheit gibt es in der Wissenschaft wohl eher nicht. Falls Sie einen Theologen kennen: Sprechen Sie ihn doch mal auf diese Thematik an. Die mögen eine solche Sicht der Dinge gar nicht. Ich habe das ausprobiert, und zwar mit meinem liebenswerten ehemaligen Nachbarn, einem evangelischen Theologen, von dem man ja eher maximale Flexibilität erwartet. Der war aber ganz und gar nicht erfreut und fragte, wie man mit so einem Weltbild überhaupt leben kann. Antwort: Ich muss, weil so ist es einfach.

Nach diesen philosophischen Ausschweifungen zurück zum Randkanalmodell: Das simple Randkanalmodell ist einfach und schön, und es erklärt auch alles, aber es hat offenbar doch seine Grenzen. Das macht aber nichts, denn wie ganz am Anfang erwähnt: Dieses Buch soll nur einen Einstieg in die Materie bieten und nicht die Welt als Ganzes erklären.

Zum Schluss ergehen natürlich mein aufrichtiger Dank und beste Grüße an Herrn Klaus von Klitzing und Jürgen Weis für die prompte und hilfreiche Unterstützung!

4.5.3   Graphen: Ein zweidimensionales 1-D-Material

Hier kommt gleich das nächste Nobelpreisthema auf dem Gebiet der 2-D-Elektronen, und das ist Graphen (graphene). Graphen ist eine monoatomare Schicht aus kristallinem Graphit, welche man auf einfache Weise aus einem billigen HOPG-Kristall, das ist hochorientiertes, pyrolytisches Graphit, gewinnen kann. Von diesem HOPG-Kristall wird dann mittels Klebeband (Tixo in Österreich, Tesa-Film in Deutschland, was nimmt man in der Schweiz?) eine dünne Lage von Schichten heruntergerissen und dann typischerweise auf ein SiO_2-Substrat aufgerubbelt (kein Scherz). Nach längerem Suchen mit einem Mikroskop oder besser noch mit einer Mikro-Raman-Ausrüstung, findet man tatsächlich Flocken in der Größe von ca. 10 μm x 10 μm , die nur aus einer Monolage Graphen bestehen. Hinweis: Das Suchen und Finden von monolagigen Graphenflocken ist eine Geschichte für sich. Das Gitter von Graphen lässt sich in Abb. 4.15 bewundern.

Abb. 4.15 Das Gitter von
Graphen. Man sieht die
zweidimensionale
Anordnung der organischen
Kohlenstoffringe aus jeweils
sechs Atomen. Mit
freundlicher Genehmigung
von Jannik Meyer (2007),
MPI-FKF Stuttgart

Abb. 4.16 Die Bandstruktur
von Graphen (Neto et al.
2009)

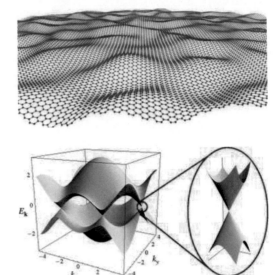

Graphen hat eine witzige Bandstruktur, die in Abb. 4.16 zu sehen ist. Wichtig
sind die Bereiche, in der sich die obere Fläche (Leitungsband) und die untere Fläche
(Valenzband) berühren. Hier wird es interessant, denn es gibt hier zwei Dinge, die
man eher nicht gewohnt ist, nämlich:

- Graphen hat keine Bandlücke.
- Graphen hat eine lineare Bandstruktur.

Das mit der linearen Bandstruktur hat zur Folge, dass die Elektronenmasse unendlich groß wäre. Da das aber beim Rechnen nichts wie Ärger macht, ist es viel vernünftiger zu sagen: Die $E(k)$-Beziehung von Elektronen im Graphen sieht aus wie
bei einem Photon, d. h., die Elektronen verhalten sich wie Photonen und haben die
Ruhemasse null, und das ist cool. Noch etwas anderes ist cool, nämlich die enorme
Elektronenbeweglichkeit in diesem Material. Für Graphen auf SiO_2 bekommt man
bei Raumtemperatur(!) Werte bis zu $40000 cm^2/Vs$, und das ist einen Faktor 10 höher
als in Silizium. Freistehende Filme hätten eine noch viel höhere Beweglichkeit und
das wäre schon ganz brauchbar für die nächsten Generationen der WiFi-Router. Die
unvermeidlichen militärischen Anwendungen davon ignorieren wir derweil einmal
am Besten.

Leider kann man auf Graphen nicht auf einfache Weise einen FET realisieren.
Der Grund hierfür ist die nicht vorhandene Bandlücke, die dazu führt, dass man
keine Ladungsträgerverarmung (depletion) unter der Gateelektrode in einer FET-
Struktur bekommen kann. Dennoch ist Graphen für die Elektronik interessant, weil
es transparent ist und gut leitet. Graphen ist also eine ideale obere Elektrode für Bild-
schirme. Samsung hat ein Wachstumsverfahren für großflächige Graphenschichten
(aber keine Monolagen) auf Kupfersubstraten entwickelt. Die Hoffnung ist, dadurch
die jetzigen Indium-Zinnoxid (Indium-Tin-Oxide, ITO) Elektroden zu ersetzen. Die

sind bekanntlich teuer, und das Problem mit den Exportbeschränkungen für seltene Erden aus China hätte man dann auch noch gratis vom Hals.

4.5.3.1 Die Zustandsdichte von Graphen

Wegen der ungewöhnlichen Bandstruktur in Graphen lassen sich die Elektronendichte und die Leitfähigkeit ganz fundamental berechnen. Wie man das macht, kann man aus den Lecture Notes von Berdebes et al. (2009) entnehmen. Folgen wir also für eine Weile den Ausführungen unserer lieben Kollegen und kümmern uns zuerst um die Zustandsdichte in Graphen. Wir beginnen wie früher bei der Dispersionsrelation

$$E(\vec{k}) = \hbar v_F \left| \vec{k} \right|,\tag{4.64}$$

wobei v_F die Fermi-Geschwindigkeit ist und

$$\vec{k} = (k_x - k_{x0})\vec{x} + (k_y - k_{y0})\vec{y}\tag{4.65}$$

der k-Vektor. $\vec{x}$ und $\vec{y}$ sind Einheitsvektoren in die x- und y-Richtung. Diese Dispersionsrelation ist linear, ganz wie bei Licht. Wundern Sie sich also nicht, wenn im Zusammenhang mit Elektronen und Graphen hin und wieder das Wort 'Moden' fällt, das ist dann einfach der Jargon aus der Optik. Der Punkt (k_{x0}, k_{y0}) ist das Zentrum in einem der sechs Täler der Graphen-Bandstruktur (Abb. 4.17). Die Zustandsdichte $D(E)$ pro Flächeneinheit im Graphen bekommen wir auch wie früher (Siehe Kap. 6 in Band I dieses Buches):

$$D(E) = \sum_k D(k)\delta(E(\vec{k}) - E)\tag{4.66}$$

In einem zweidimensionalen Material ist die Zustandsdichte $D(k) = \frac{L^2}{(2\pi)^2}$. Wie immer wählt man $L = 1$, bzw. berechnet man die Zustandsdichte pro Flächeneinheit. Wenn man von der Summe auf ein Integral in Polarkoordinaten übergeht, bekommt man daraus

$$D(E) = \frac{1}{4\pi^2} \int_{-\pi}^{+\pi} d\theta \int_0^\infty k\delta(E - E(\vec{k}))dk.\tag{4.67}$$

Die Dispersionsrelation von oben liefert die Formel

$$kdk = \frac{EdE}{(\hbar v_F)^2},\tag{4.68}$$

und damit hat man die Beziehung

$$D(E) = \frac{2\pi}{4\pi^2} \int_0^\infty \frac{E}{(\hbar v_F)^2}\delta(E - E(\vec{k}))dE.\tag{4.69}$$

Abb. 4.17 a: Das Gitter von
Graphen im Ortsraum. **b** Das
reziproke Gitter von
Graphen. **c** Die Bandstruktur
von Graphen. (Nach Fuchs
2013)

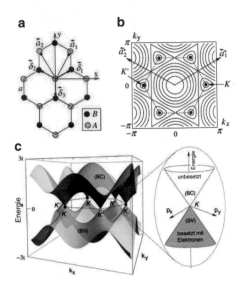

Nach Auswerten der δ-Funktion und dem nachträglichen Hineinwursteln der Spin-
und Valleyentartung ($g_s = 2$ und $g_v = 2$) bleibt nur noch der Ausdruck

$$D(E) = g_s g_v \frac{1}{2\pi} \frac{|E|}{(\hbar v_F)^2} \tag{4.70}$$

übrig. Das mit dem Valleyentartungsfaktor $g_v = 2$ schaut auf den ersten Blick
erstaunlich seltsam aus, denn die Bandstruktur vermittelt den Eindruck, als gäbe es
sechs Täler. Wie sich aber zeigt, sind nur zwei davon im Impulsraum unabhängig,
und alle anderen Täler bekommt man durch Translationen entlang von Gittervektoren
des reziproken Gitters.

Ich nehme mal an, Sie sind jetzt etwas irritiert und denken sich, hä, was redet
der da für wirres Zeug? Trösten Sie sich, mir erging es auch nicht anders, nachdem
ich das zum ersten Mal gelesen hatte. Um diese Geschichte zu verstehen, werfen
wir doch mal einen Blick auf Abb. 4.17 und ganz besonders auf das reziproke Gitter
mit den Höhenlinien der Bandstruktur in Abb. 4.17b. $\vec{a}_1$ und $\vec{a}_2$ sind die reziproken
Gittervektoren. Der Γ-Punkt liegt im Zentrum des Bildes, die sogenannten K- und
K'-Punkte sind ebenfalls eingezeichnet. Wenn man den gezeigten Ausschnitt des
reziproken Gitters nun um den Vektor $\vec{a}_2 + \vec{a}_1$ nach oben verschiebt (in andere
Richtungen mit anderen Linearkombinationen von $\vec{a}_1$ und $\vec{a}_2$), sieht man, dass sich in
dieser Weise das ganze reziproke Gitter lückenlos aufbauen lässt. Am Ende bekommt
man das übliche Bandstrukturbild, wie es in Abb. 4.17c nochmals dargestellt ist.

Mit Hilfe der Zustandsdichte kann man sofort die Ladungsdichte im Graphen
ausrechnen. Wir vermeiden alle Probleme, bleiben bei T=0 K und nehmen an, dass
es nur Elektronen gibt. Die Ladungsträgerdichte ist dann

$$n = \int_0^{E_F} D(E) dE = \int_0^{E_F} g_s g_v \frac{1}{2\pi} \frac{E}{(\hbar v_F)^2} dE. \tag{4.71}$$

Mit $g_s g_v = 4$ (2 für den Spin und 2 für die Valleys; siehe oben) bekommen wir

$$n = \frac{E_F^2}{\pi(\hbar v_F)^2}. \tag{4.72}$$

Für Löcher bekommt man exakt das gleiche Ergebnis. Bei endlichen Temperaturen wird die Berechnung wegen der vielen Fermi-Integrale ziemlich zäh, was wir zum Anlass nehmen, uns jetzt von weiteren Details zu verabschieden.

4.5.3.2 Die Leitfähigkeit von Graphen im ballistischen Limit

Mit den Betrachtungen über die Zustandsdichte kann man darangehen, ganz fundamental die Leitfähigkeit von Graphen zu berechnen. In den oben zitierten Ausführungen der Lecture Notes von Berdebes et al. (2009) verwenden die lieben Kollegen, offenbar Leute aus der Optikecke, wegen der linearen Bandstruktur dann eine Analogie zu Licht, reden von irgendeiner undurchsichtigen Anzahl der Moden, rechnen kompliziert und zweidimensional in der Gegend herum und ordnen jeder Mode die Leitfähigkeit eines 1-D-Kanals (1-D!) zu. In Summe ist das trotz aller genialer optischer Ideen aber derartig undurchsichtig, dass ich vorschlage, die ganze Geschichte in der düsteren und eher lichtlosen Welt der Elektroklempner zu erklären, dafür aber auf hoffentlich nachvollziehbare Weise:

- Einigen wir uns darauf, dass der Strom, der zu einem einzelnen Elektron in einer Graphenprobe gehört, zwischen zwei parallelen Kontakten in x-Richtung fließt.
- Allfällige Geschwindigkeitskomponenten v_y parallel zu den Kontakten sind für den Strom in x-Richtung egal, die Stromdichte ist wie immer gegeben durch $j = env_x$. n ist die Dichte der Elektronen, e die Elementarladung.
- Der ballistische Stromfluss ist damit per Definition ein eindimensionales Problem.
- Jetzt kommt der Knackpunkt dieses Modells: Wir betrachten nun eine Stromlinie zwischen den Kontakten. Auf dieser Stromlinie gibt es Elektronen mit Energien zwischen $E_x = 0$ und der Fermi-Energie $E_x = E_F$. Diese Stromlinie wird als ein eindimensionales Subband mit quantisierter Leitfähigkeit betrachtet (Abschn. 4.5.1). Vorsicht: Wir nehmen nur an, dass der Stromtransport ein eindimensionales Phänomen ist, eine wirkliche laterale Quantisierung gibt es hier aber keine!
- Die Frage ist nun: Wie viele dieser eindimensionalen Stromlinien, im Optik-Jargon, Anzahl der Moden, gibt es nun zwischen den Kontakten?

Wenn ich die Ideen der Kollegen aus Purdue richtig verstehe, kommt jetzt v_y ins Spiel, und die Anzahl der existierenden eindimensionalen Kanäle in x-Richtung wird durch die y-Komponente des Impulses (der Energie) bestimmt. Auch hier gehen wir eindimensional vor: Die Dichte der eindimensionalen Kanäle in x-Richtung (= Anzahl der Zustände = Anzahl der Moden) bekommt man folglich über die Zustandsdichte in y-Richtung mit Hilfe der Gleichung

$$dN(k) = \frac{W}{2\pi} dk, \tag{4.73}$$

wobei W die Probenbreite ist. Jetzt rechnen wir auf die Energie um und bilden ein paar Ableitungen:

$$E = \hbar \vec{v}_f \vec{k}$$
$$\frac{dE}{dk} = \hbar v_f \qquad (4.74)$$
$$dk = \frac{dE}{\hbar v_f}$$

Schließlich erhalten wir die Beziehung

$$dN(k) = \frac{W}{2\pi} d(k) = \frac{W}{2\pi} \frac{dE}{\hbar v_f}. \qquad (4.75)$$

Einmal kurz Integrieren bis E_F liefert

$$N(E) = \frac{W}{2\pi} \frac{E_F}{\hbar v_f}. \qquad (4.76)$$

Da außerdem die Valleyentartung einen Faktor 2 und auch die Spinentartung in y-Richtung (y!) nochmal einen Faktor 2 liefert, bekommen wir schließlich für die Anzahl der 1-D-Stromlinien (Moden)

$$N(E) = 4 \frac{W}{2\pi} \frac{E_F}{\hbar v_f} = \frac{2W}{\pi} \frac{E_F}{\hbar v_f}. \qquad (4.77)$$

Mit der Anzahl dieser eindimensionalen Moden kann man nun ganz einfach die Leitfähigkeit der Probe aus dem Produkt von $N(E)$ und der quantisierten Leitfähigkeit $\frac{2e^2}{h}$ pro 1-D-Subband inklusive Spinentartung und Valleyentartung berechnen:

$$G = N(E) \cdot \frac{2e^2}{h} = \frac{2e^2}{h} \frac{2W}{\pi} \frac{E_F}{\hbar v_f}. \qquad (4.78)$$

Das ist wirklich ein schönes und einfaches Resultat und noch dazu ganz genau das Gleiche wie bei Berdebes et al. (2009). Worauf ich besonders stolz bin: Diese Herleitung ist auch noch deutlich einfacher als die in den Lecture Notes aus Purdue.

4.5.3.3 Laterale pn-Übergänge in Graphen

Zum Schluss des Graphen-Kapitels eine kleine praktische Anwendung im Bereich Bauelemente. Das einfachste Halbleiter-Bauelement ist bekanntlich ein pn-Übergang. Um den zu bekommen, brauchen wir zuerst eine Dotierungsmethode für Graphen, und die bekommt man auf die übliche chemische (Liu et al. 2011; Ristein 2006; Shin 2010) oder elektrochemische Weise (Das 2008, Kalbac 2010). pn-Übergänge in Graphen kann man praktisch nur in lateraler Ausführung realisieren und daher ist es am elegantesten, das Problem über nebeneinander liegende Gate-Elektroden zu lösen. Hier stehen Methoden zur Verfügung wie eine lokale chemische Oberflächenbehandlung, (Peters 2010; Farmer 2009), sogenanntes 'electrostatic substrate engineering' (H.Y.Chiu 2010), und lateral angeodnete Gateelektroden

(Huard 2007; Freitag 2009). Um zu sehen wie das mit der elektrostatischen Dotierung funktioniert, werfen wir mal einen Blick auf Abb. 4.18a. Hier sieht man die Lage des Fermi-Niveaus in einer $p-$ und $n-$Typ-Graphenschicht, welche durch Anlegen einer Gatespannung V_{G1-2} erzeugt wurde. Die Gatespannung schiebt, je nach Polarität das Fermi-Niveau auf und ab. Ist das Leitungsband gefüllt, redet man von n-Typ-Dotierung, ist es nicht gefüllt, von p-Typ-Graphen. Liegt das Fermi-Niveau genau bei $k = 0$ (Abb. 4.18b), so spricht man vom 'charge neutrality point, (CNP). Abb. 4.18c zeigt den Widerstand einer (realen, nicht-ballistischen) Graphenschicht in Abhängigkeit von der angelegten Gatespannung. Bei $k = 0$ ist der Widerstand maximal, was sich ganz einfach durch die minimale Zustandsdichte bei $E = 0$ am 'charge neutrality point' erklärt. Nachdem wir das mit der gatespannungsinduzierten Dotierung verstanden haben, ist es klar, dass man mit zwei dicht nebeneinander liegenden Elektroden einen pn-Übergang realisieren kann. Das ist zwar einfach und elegant, aber so richtig glücklich wird man damit dennoch nicht, denn es gibt keinen Gleichrichtereffekt auf diesem Material. Der Grund hierfür ist einfach die fehlende Bandlücke. Stellen Sie sich das Leitungsbandprofil eines pn-Übergangs in einem normalen Halbleiter vor, und dann reduzieren Sie im Geiste die Bandlücke. Mit kleiner werdender Bandlücke wird die Bandverbiegung kleiner. Die Raumladungszone wird damit auch kleiner und verschwindet schließlich ganz. Die eingebaute Spannung wird null, und vom Diodenverhalten bleibt nichts übrig.

Dann gibt es noch eine Delikatesse, die alle Tunnelprozesse und Dioden in Graphen betrifft: Im Graphen haben wir ja eine lineare Bandstruktur, und wir sagten, wir interpretieren das so, dass Elektronen relativistische Teilchen sind, und eine Ruhemasse von null haben. Jetzt kommt der Herr Klein ins Spiel, der sich mit Relativitätstheorie und Dirac-Gleichungen gut auskannte, und wohlbegründet behauptete, dass das mit der Transmission von Elektronen durch Tunnelbarrieren für relativistische Teilchen ganz und gar nicht so ist, wie man glaubt. Relativistische Teilchen mögen Tunnelbarrieren offenbar nicht besonders, denn je dicker die Barriere, desto lieber fliegt das Teilchen sofort geradeaus hindurch und dann so schnell es geht auf und davon. Sie sagen jetzt 'Hä, was?' Ja, das habe ich auch gesagt. Der Beweis dafür steht hier (Young 2009; Allain 2011; Klein 1929). Jetzt die Einserfrage: Rui-

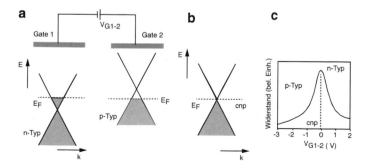

Abb. 4.18 **a** Lage des Fermi-Niveaus in einer $p-$ und $n-$Typ-Graphenschicht, welche durch Anlegen einer Gatespannung V_{G12} erzeugt wurde. **b** Lage des Charge Neutrality Points, CNP. **c** Widerstand einer (realen) Graphenschicht in Abhängigkeit von der angelegten Gatespannung

niert uns dieser Effekt nur unseren schönen Gleichrichter auf Graphen, oder hat
das vielleicht noch eine größere, möglicherweise sogar kosmologische Bedeutung
(Stichwort: Schwarzes Loch)?

Obwohl die Geschichte mit dem pn-Übergang für Bauelemente erst einmal demotivierend klingt, gibt es durchaus viele Anwendungen für pn-Übergänge auf Graphen, und das sind z. B. Photodetektoren im THz-Bereich, realisiert z. B. von unseren Kollegen im Institut für Photonik Schuler 2016. Details darüber sind an dieser Stelle aber viel zu speziell, und damit wechseln wir mal wieder das Thema.

4.6   Selbstorganisierte Quanten- und Nanodrähte

Im Abschn. 4.2 haben wir gesehen, dass 1-D-Systeme schwierig herzustellen sind
und noch dazu ärgerlich kleine Quantisierungsenergien besitzen. Freundlicherweise
stellt uns die Natur aber auch 1-D-Systeme oder zumindest Nanodrähte zur Verfügung, die ganz von alleine entstehen, ohne dass man etwas Spezielles dazu beitragen muss. Etwas Vorsicht ist aber schon geboten: Es gibt Nanodrähte, die echte
Quantendrähte sind, aber es gibt noch viel mehr Nanodrähte, die ganz und gar keine
Quantendrähte sind, aber trotzdem interessante Eigenschaften haben können. Fassen
wir also noch einmal zusammen.

*   Bei echten (zylindrischen) Quantendrähten gilt:
    - Der Durchmesser des Drahts muss in der Größenordnung der De-Broglie-Wellenlänge sein.
    - Für optische Experimente schadet es nicht, wenn auch der Exziton-Bohr-Radius in der Größenordnung des Drahtdurchmessers liegt.
    - Die Länge des Drahts im Vergleich zur De-Broglie-Wellenlänge ist egal.
    - Die mittlere freie Weglänge muss größer als der Durchmesser des Drahts sein.
    - Ist die mittlere freie Weglänge größer als die Länge des Drahts, bekommt man ballistischen Transport.
    - Ist die mittlere freie Weglänge kleiner als die Länge des Drahts, so hat man diffusiven Transport am Hals.
*   Bei echten, meist zylindrischen, Nanodrähten gilt:
    - Der Durchmesser des Drahts sollte im niedrigen Nanometerbereich liegen.
    - Der Durchmesser des Drahts ist vermutlich in der Größenordnung der De-Broglie-Wellenlänge – ob, oder ob nicht, ist egal.
    - Die restlichen Dimensionen sind egal.
    - Durch den geringen Durchmesser und eventuelle Verspannungen bedingt, hat der Draht hoffentlich ein paar seltsame, aber nützliche Eigenschaften.

Beispiele für beide Fälle gibt es sicher mehrere, wir diskutieren aber nur die beiden
wichtigsten.

4.6.1 Kohlenstoff-Nanoröhrchen

Um es gleich vorwegzunehmen: Kohlenstoff-Nanoröhrchen (carbon nanotubes) haben physikalische Eigenschaften, die selbst Science-Fiction Autoren nicht erwartet hätten (Abb. 4.19). Hier nur die Highlights: Kohlenstoff - Nanoröhrchen, vor allem im Vakuum und am besten noch freistehend, oder freitragend, sind die perfekten Quantendrähte mit riesigen Quantisierungsenergien. Jede nur denkbare 1-D-Elektronenphysik wurde an Kohlenstoff – Nanoröhrchen untersucht, und die 1-D-Elektronenphysik zeigt sich dort in einer Klarheit, die in normalen Halbleitern bei weitem nicht zu erreichen ist. Werfen wir nun kurz einen Blick auf die Tabelle in Abb. 4.19, in der die physikalischen Eigenschaften von Kohlenstoff – Nanoröhrchen aufgelistet sind. Besonders beachten sollte man die Parameter: Maximale Stromdichte, Wärmeleitfähigkeit und die Zerreißfestigkeit (tensile strength). Kohlenstoff – Nanoröhrchen ertragen problemlos Stromdichten, bei denen Kupferkabel nur noch in flüssiger Form, oder gar als Kupferdampf vorliegen, die Wärmeleitfähigkeit ist

Physical Properties of Carbon Nanotubes

Average Diameter of SWNT's	1.2 -1.4 nm
Distance from opposite Carbon Atoms (Line 1)	2.83 Å
Analogous Carbon Atom Separation (Line 2)	2.456 Å
Parallel Carbon Bond Separation (Line 3)	2.45 Å
Carbon Bond Length (Line 4)	1.42 Å
C - C Tight Bonding Overlap Energy	~ 2.5 eV
Group Symmetry (10, 10)	C_{5v}
Lattice: Bundles of Ropes of Nanotubes	Triangular Lattice (2D)
Lattice Constant	17 Å
Lattice Parameter:	
(10, 10) Armchair	16.78 Å
(17, 0) Zigzag	16.52 Å
(12, 6) Chiral	16.52 Å
Density:	
(10, 10) Armchair	1.33 g/cm^3
(17, 0) Zigzag	1.34 g/cm^3
(12, 6) Chiral	1.40 g/cm^3
Interlayer Spacing:	
(n, n) Armchair	3.38 Å
(n, 0) Zigzag	3.41 Å
(2n, n) Chiral	3.39 Å
Optical Properties	
Fundamental Gap:	
For (n, m); n-m is divisible by 3 [Metallic]	0 eV
For (n, m); n-m is not divisible by 3 [Semi-Conducting]	~ 0.5 eV
Electrical Transport	
Conductance Quantization	$(12.9 \, k\Omega)$-1
Resistivity	$10^{-4}\Omega$-cm
Maximum Current Density	10^{13} A/m^2
Thermal Transport	
Thermal Conductivity	~ 2000 W/m/K
Phonon Mean Free Path	~ 100 nm
Relaxation Time	~ 10^{-11} s
Elastic Behavior	
Young's Modulus (SWNT)	~ 1 TPa
Young's Modulus (MWNT)	1.28 TPa
Maximum Tensile Strength	~ 100 GPa

Abb. 4.19 Physikalische Eigenschaften von Kohlenstoff-Nanoröhrchen, welche auf der Website von Adams 2000 zusammengestellt wurden. Alle Originalzitate sind dort ebenfalls aufgelistet

jenseits jeder Vorstellungskraft und beim Vergleich der mechanischen Eigenschaften ist ein Rohr aus Panzerstahl im Vergleich zu einem Kohlenstoff – Nanoröhrchen bestenfalls so stabil wie ein billiger Strohhalm. (Hausaufgabe: Vergleichen Sie die genannten physikalischen Eigenschaften der Kohlenstoff-Nanoröhrchen mit denen von Kupfer und Stahl.)

Kein Wunder also, dass große Mühen investiert werden, um makroskopische Werkstoffe aus Nanotubes herzustellen. Typische Anwendungen sind kohlefaserverstärkte Kunststoffe, Kunststoffe mit hoher Wärmeleitfähigkeit, Kunststoffe mit elektrischer Leitfähigkeit für Kühlzwecke und auch elektrische Leitungen im Leichtbau. Das schien bereits anno 2012 ganz gut zu funktionieren, denn damals hörte ich folgendes urbanes Märchen: Abteilungsleiter zum Mitarbeiter der Nachbarabteilung in einer Fertigung für Verbundwerkstoffe, der ein begeisterter Kraftsportler war: Hier, schau das ist unsere neueste Errungenschaft. Mitarbeiter: Das ist doch nur ein fades, dünnes, schwarzes Plastikrohr mit 2 cm Durchmesser, was soll ich damit? Abteilungsleiter: Machen Sie es ohne Werkzeug kaputt, wenn es Ihnen gelingt, bekommen Sie 1000 EUR Bonuszahlung. Mitarbeiter (etwas verwundert): Ihr habt wohl zu viel Geld in eurer Abteilung. Ich bin Kraftsportler und ausgezeichnet trainiert, also her mit dem Rohr und auch mit der Mülltonne dort drüben in der Ecke. Hier ist meine Geldbörse, das Geld können Sie schon einmal in das zweite Fach stecken, ich werfe inzwischen die Überreste des Rohres in diese Mülltonne. Wie sich anschließend herausgestellt hat, hatte der Mitarbeiter wohl doch nicht gründlich genug trainiert. Ein Hinweis zum Schluss: Ganz unproblematisch sind diese Kohlenstoff-Nanoröhrchen bei der Nutzung im großindustriellen Maßstab nicht. Es gibt durchaus potentielle Umweltprobleme, man erinnere sich bitte an die Asbestproblematik.

Die Herstellung von Kohlenstoff-Nanoröhrchen ist wirklich einfach: Man nehme eine Kohlebogen – Entladungslampe aus dem 18. Jahrhundert (Abb. 4.20a), lasse sie brennen und sammle den Ruß auf. Darin befinden sich massenhaft Kohlenstoff-Nanoröhrchen, man muss sie nur finden. Alternativ dazu kann man auch den Katalysator seines Dieselmotors putzen, darin finden sich sogar noch mehr davon. Besser geht es natürlich mit einem passenden Reaktor, wie er in Abb. 4.20b dargestellt ist. Die Nanoröhrchen wachsen auf der kalten Wand des Reaktors und sehen aus wie Gras oder Haare (Abb. 4.20c). Je nach Länge und Wachstumsbedingungen sind diese dann mehr oder weniger geordnet. Wenn man Pech hat, bekommt man einen Teller Spaghetti (Abb. 4.20d).

TEM-Untersuchungen (TEM = Transmissionselektronenmikroskop) zeigen, dass diese Nanoröhrchen eigentlich nichts anderes sind als aufgerolltes Graphen (Abb. 4.20e). Eigentlich ist es aber umgekehrt, Graphen ist ein ausgerolltes Nanoröhrchen, denn die Nanoröhrchen gab es früher als Graphen. Das Einrollen kann aber auf unterschiedliche Art und unter unterschiedlichen Winkeln erfolgen. Man unterscheidet daher drei Grundtypen dieser Nanoröhrchen, welche die englischen Bezeichnungen 'armchair', 'zigzag' und 'chiral' haben. Eine offizielle deutsche Übersetzung dieser Begriffe gibt es nicht. Chiralität bedeutet, dass sich einige Gegenstände wie menschliche Hände und auch einige Moleküle nicht mit ihrem Spiegelbild zur Deckung bringen lassen, und man definiert sogar einen Chiralitätsvektor, der im englischen aber rolling vector genannt wird. Weitere Details über Chiralität bitte

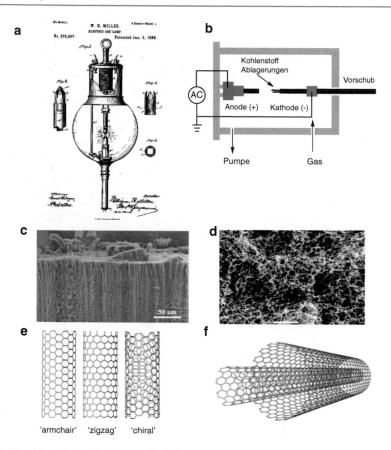

Abb. 4.20 a Historische Kohlebogen-Entladungslampe (Miller 1888). **b** Reaktor zur Herstellung von Kohlenstoff-Nanoröhrchen nach dem Prinzip der Kohlebogen-Entladungslampe (nach Gore und Sane 2011). **c** Gras aus Kohlenstoff-Nanoröhrchen, auch Nanogras genannt (Seah et al. 2011). **d** Kohlenstoff Nanospaghetti (Journet et al. 1997). **e** Kohlenstoff-Nanoröhrchen mit unterschiedlichen chiralen Vektoren (Hodge et al. 2012.) **f** Teleskop-Nanoröhrchen (Pichler et al. 2007)

bei Wikipedia nachlesen. Kohlenstoff – Nanoröhrchen mit mehrlagigen Wänden gibt es natürlich auch, und die sind eher die Normalität (Abb. 4.20f). Auf englisch wird dieser Typ von Nanoröhrchen als multiwall nanotube bezeichnet; eine offizielle Übersetzung dazu gibt es meines Wissens nach ebenfalls nicht. Der Ausdruck 'Teleskop-Nanoröhrchen' trifft die Sache wohl noch am besten.

Natürlich wurde auch versucht, Feldeffekttransistoren aus Kohlenstoff-Nanoröhrchen herzustellen (Carbon-Nanotube-Transistor, CNT). Aus Gründen des Urheberrechts zeigt Abb. 4.21 nur einen typischen Carbon-Nanotube-Transistor mit Backgate; Frontgates sind aber auch kein Problem. Die Transistoren sind gut, ein industrieller Einsatz ist aber schwierig. Der Grund dafür liegt in der Herstellung. Zur Herstellung eines Carbon-Nanotube-Transistors wird zunächst das hergestellte Nanogras in einer Flüssigkeit (Wasser, Alkohol) mit Ultraschall abgemäht. Die in der Flüssigkeit schwimmenden Kohlenstoff-Nanoröhrchen werden dann auf ein Sub-

Abb. 4.21 Transistoren mit
Kohlenstoff-Nanoröhrchen.
a Schema eines Carbon-
Nanotube-Transistors (CNT)
mit klassischem Backgate. **b**
Foto eines Carbon-
Nanotube-Transistors,
aufgenommen mit einem
Rasterelektronenmikroskop
(Wind et al. 2002)

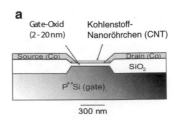

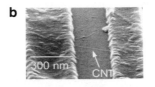

strat aufgetropft. Nach dem Trocknen des Lösungsmittels muss man sich dann in der Anlage für Elektronenstrahllithographie ein passendes Kohlenstoff-Nanoröhrchen suchen, markieren, und inmitten einer Müllhalde aus anderem Dreck zu einem Transistor prozessieren. Für die Forschung ist das ganz ok, für eine industrielle Fertigung eines, sagen wir 64-Bit CNT-Prozessors, ganz sicher nicht. Inzwischen ist es gelungen, mit katalytischen Tricks (Nickel) und Lithographie die Kohlenstoff-Nanoröhrchen dazu zu überreden, nur dort zu wachsen, wo sich das Nickel befindet. Das macht die Lage etwas besser, die Wende bringt das aber auch noch nicht. Dennoch bringt uns das zumindest zum nächsten Thema, dem katalytischem Wachstum von Halbleiter Nanodrähten.

4.6.2 Halbleiter-Nanodrähte: Herstellung

Der Trick zum katalytischem Wachstum von Halbleiter-Nanodrähten ist praktisch immer der gleiche, und er funktioniert auf den verschiedensten Materialsystemen. Das Schema ist in Abb. 4.22 dargestellt. Man nehme ein Halbleitersubstrat, kleine Goldkügelchen auf der Oberfläche, z. B. hergestellt durch Aufdampfen oder Sputtern mit nachträglicher Wärmebehandlung, das passende Prozessgas, bei Silizium ist das Silan, also nichts Kompliziertes, und bei der passenden Temperatur und dem passenden Druck wachsen die Nanowälder wie wild vor sich hin. Wer Nanodrähte an speziellen Stellen haben will, muss nur vorher das Gold per Lithographie passend positionieren. Wie man in Abb. 4.22 sieht, sind die Resultate durchaus ansprechend.

Abb. 4.23 zeigt, was noch so alles möglich ist. Durch nochmaliges bestäuben mit Gold kann man in einem zweiten Wachstumsschritt richtige Christbäume erzeugen. Ob das sinnvoll ist, ist unklar, man hofft aber zumindest, dass es den Santa Claus freut.

Soweit, so gut, aber dennoch gibt es im Wesentlichen drei übrig bleibende Probleme: Zunächst einmal sind die Nanodrähte gerne goldverseucht, und damit industriell unbrauchbar, und auch eine gezielte homogene Dotierung ist schwierig. Die Goldverseuchung kann man mit ein paar Tricks loswerden, das Dotierungsproblem

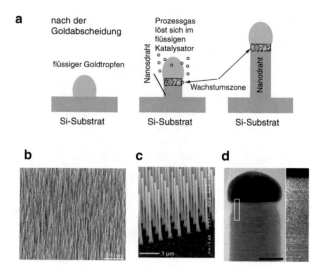

Abb. 4.22 a Katalytisches Wachstum von Halbleiter-Nanodrähten. **b** Chaotisch gewachsene Nanodrähte (Park et al. 2016), **c** Nanodrähte, hergestellt mit kontrolliertem seeded growth (Thelander et al. 2006). **d** TEM-Bild eines Nanodrahts. Die Goldkugel an der Spitze ist gut zu erkennen (Persson et al. 2004)

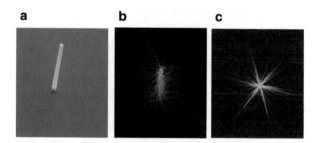

Abb. 4.23 a Ein Nanodraht, aus dem nach nochmaligem Bestäuben mit Gold und einem weiteren Wachstumsprozess ein Christbaum erzeugt wurde. **b** und **c** Bilder des Christbaums aus verschiedenen Blickwinkeln, aufgenommen mit einem Rasterelektronenmikroskop (H.Detz, M.A.Andrews, G.Strasser, Institut für Festkörperelektronik, TU-Wien) Siehe auch Lugstein et al. (2007)

nicht so wirklich. Um dieses zu verstehen, berechne man als Hausaufgabe einfach nur die Anzahl der Dotieratome in einem Nanodraht der Länge $1\,\mu$m und mit einem Durchmesser von 30nm bei einer Dotierstoffkonzentration von $1 \cdot 10^{18}\text{cm}^{-3}$. Wie viele Dotierstoffatome sind jetzt drin in diesem Nanodraht? Antwort: Nicht sehr viele, bitte wirklich nachrechnen, das ist echt lehrreich und vor allem die Ursache für diverse unerwartet große Überraschungen beim elektronischen Transport in FIN-FETs und ähnlichen Bauelementen. Nächste Hausaufgabe: Was ist ein FINFET?

Das dritte echte Problem bei den Nanodrähten sind die praktischen Anwendungsmöglichkeiten, weil die sind derzeit eher begrenzt. Eine halbwegs populäre Anwendung, die es sogar bis in die Lehrbücher geschafft hat, gibt es aber doch, und das

sind UV-Lichtquellen und UV-Laser auf der Basis von ZnO-Nanodrähten. Hausaufgabe: Die Originalliteratur bitte selber suchen. UV-Laser haben breite Anwendungen wie Biodetektion, optische Speichermedien hoher Kapazität und ganz allgemein, UV-Photonik. ZnO hat eine extrem hohe Bindungsenergie der Exzitonen
von 60meV, die sogar bei Raumtemperatur (kT=26 meV) für scharfe (=schmalban-
dige) optische Übergänge im Infraroten Spektralbereich genutzt werden kann. ZnO-
Nanodraht-UV-Laser Arrays wären nützlich für miniaturisierte Lichtquellen in der
optischen Kommunikation, in der biochemischen Analyse, in Umweltanwendungen
und angeblich sogar in Quantencomputern. Derzeit sind aber nur optisch gepumpte
ZnO-UV-Nanodraht Laser realisiert, die eine Emission bei einer Wellenlänge von 385
nm zeigten und das mit einer Linienbreite von weniger als 0.3 nm, welche deutlich
unter der Linienbreite der spontanen Emission eines HeCd Lasers liegt. Laseremis-
sion einzelner Nanodrähte wurde sogar mittels SNOM (Scanning Nearfield Optical
Microscopy) demonstriert. Die Emissionsintensität kann man allerdings vergessen
und noch dazu ist der laborfüllende NdYg-Pumplaser auch nicht gerade praktisch
beim Betrieb einer miniaturisierten Lichtquelle auf einem Mikrochip.

Sehen wir uns also lieber ein paar beispielhafte, modernere Anwendungen an,
aus denen vielleicht etwas werden könnte. Und auch wenn es mit den Anwendungen
nicht so läuft, wie gewünscht, lernen kann man immer etwas.

4.6.3 Ballistische Nanodraht-Transistoren

Wie heißt es so schön im österreichischen Radio, wenn Schleichwerbung betrieben
wird: Diese Sendung enthält Produktplatzierungen. Hier sind also auch welche, aber
in Buchform. Die Zeit geht ins Land, das wissenschaftliche Umfeld ändert sich,
und junge Leute am eigenen Institut haben innovative neue Ideen zum Thema Nanodrähte. Hier ein kurzer Überblick über die neuesten Publikationen (wir schreiben
das Jahr 2019): In dieser Arbeit (Sistani 2018) demonstriert Kollege Masiar Sistani
ballistischen Löchertransport in Ge-Nanodrähten und in diesem Paper (Staudinger
2018) wird gezeigt, dass man diese Nanodrähte auch als sehr empfindliche Photodetektoren nutzen kann. Weitere Publikationen (Seifner 2018) und (Sistani 2017)
beschäftigen sich mit der Technologie zur Herstellung dieser Strukturen. Damit Sie
die Publikationen nicht mühsam heraussuchen und dann noch komplett durchlesen
müssen, hat Masiar dankenswerter Weise eine kurze Zusammenfassung geliefert.
Lesen wir also, was er uns zu erzählen hat:

Die Miniaturisierung der Kanallänge von Transistoren in der aktuell genutzten
Si-basierten CMOS-Technologie wird immer komplizierter und stößt schon bald an
ihre physikalischen Grenzen. Daher wird die baldige Implementierung von neuen
Materialien wie Germanium oder III-V Verbindungshalbleitern immer wahrschein-
licher. Diese Materialien zeigen allerdings Quanteneffekte schon bei sehr viel größeren Strukturabmessungen als Silizium-basierte Transistoren. Daher ist die Erfor-
schung von Quanteneffekten an Materialien wie z. B: Germanium für zukünftige
ultra-skalierte Nano-Transistoren und Sensoren von großem Interesse.

Ballistische Transistoren könnten viele der heutigen Probleme, die wir mit der momentan eingesetzten Transistortechnologie betreffend Effizienz, Größe, Funktionalität und Leistungsfähigkeit haben, lösen. Schaltungen bestehend aus ballistischen Transistoren würden sich im Betrieb nicht aufheizen. Das hängt damit zusammen, dass der Kanal solcher Transistoren mit Streuzentren wie z. B: Korngrenzen oder Fehlstellen kürzer ist als die mittlere freie Weglänge von Ladungsträgern. Wenn man bedenkt, welche komplexen Kühlsysteme in PC, Laptops und Serverräumen notwendig sind, um die entstehende Wärme abzuführen, sind viel kompaktere Chips mit ballistischen Transistoren, und damit auch kompaktere elektronische Geräte möglich und auch attraktiv. Dadurch, dass es in ballistischen Transistoren keine Streuungseffekte der Ladungsträger gibt, verlieren die Ladungsträger beim Durchlaufen des Kanals ihre Energie, die sie vom elektrischen Feld aufnehmen, nicht an das Kristallgitter. Dieser Umstand resultiert in sehr hohen Ladungsträgergeschwindigkeiten bei gleichzeitig geringem Energieverlust. Das ist auf jeden Fall einmal für schnellere SSDs interessant. Quanten-ballistische Transistoren können darüber hinaus noch dafür eingesetzt werden, um komplett neue Konzepte von Logikgattern zu entwickeln, mit denen es möglich ist, komplexe Operationen mit einer geringeren Anzahl von Transistoren zu lösen, als es mit traditionellen CMOS basierten Schaltungen möglich ist. Beispielsweise könnte eine Schaltung zur Suche für ein Minimum in einer Menge aus N-Zahlen aus nur N-Transistoren bestehen. Wer wissen will, was sich sonst noch so auf diesem Gebiet abspielt, lese bitte z. B. beim Kollegen Weber (Weber 2017) nach.

Ein Beispiel dafür, dass diese Transistoren gut funktionieren, sieht man in Abb. 4.24. Abb. 4.24a zeigt den schematischen Aufbau des Transistors, hier der Einfachheit halber in einer Back-Gate Konfiguration, in Abb. 4.24b kann man den Transistor im Elektronenmikroskop bewundern, und in Abb. 4.24c, sieht man die physikalische Idee des Experiments. Die kurze Kanallänge wurde mit einem trickreichen Legierungsverfahren hergestellt, das sie aber in der Literatur bei Sistani (2018) finden können. Die Aluminiumkontakte sind sogar kristallin, das sorgt für schöne Grenzflächen zwischen dem Aluminium und dem Germanium und damit natürlich auch für elegante experimentelle Resultate.

Die Leitfähigkeit zeigt eine dann schöne Quantisierung je nach Anzahl der besetzten eindimensionalen Subbänder, bzw. in Abhängigkeit von der Spannung am Back-Gate. Falls Sie inzwischen vergessen haben sollten, warum die Leitfähigkeit hier Stufen zeigt, bitte nochmals im Abschn. 4.5.1 nachlesen, warum dem so ist. Zur Not funktioniert das Experiment auch bei Raumtemperatur, aber es könnte dort natürlich besser funktionieren. Aber egal, es funktioniert im Prinzip, und der Rest is eine Frage der Optimierung.

Auch für normale Bauelemente haben die Nanodrähte durchaus vielversprechende Eigenschaften. Ge-Si-/Al-Si 'core-shell'-Heterostrukturen haben durch ihr eindimensionales Elektronengas an der Grenzfläche zwischen dem Ge-Kern und der Si-Schale, im Vergleich zu normalen Ge- oder Si-Nanostrukturen, sehr hohe Ladungsträgerdichten, und das auch ohne den Einsatz von komplizierten Dotierverfahren. Die Geschichte mit den lausigen RC-Konstanten und den damit verbundenenen langsamen Schaltzeiten in Nanodrähten wird damit deutlich weniger kritisch.

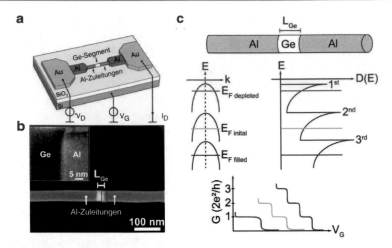

Abb. 4.24 a Schematische Darstellung eines ballistischen Nanodraht-Transistors in einer Konfiguration mit Back-Gate. **b** Ein Nanodraht-Transistor dargestellt im Raster-Elektronenmikroskop. **c** $E(k)$ Beziehungen, Zustandsdichte und die quantisierte Leitfähigkeit eines ballistischen Nanodraht-Transistors. Die Länge des eindimensionalen Germanium-Kristalls zwischen den Aluminium-Kontakten liegt unter der mittleren freien Weglänge der Elektronen, die Leitfähigkeit zeigt daher Stufen. Hinweis: Durch den Herstellungsprozess bedingt, sind die Aluminiumkontakte sogar kristallin

Hochdotierte Ge-Nanodrähte sind zu diesem Thema ebenfalls interessant. Durch eine extrem hohe Ga-Dotierung (3 %) zeigen diese Nanodrähte ein metallisches Verhalten und könnten daher für Kontakte auf mehrlagigen Integrierten Schaltungen interessant sein.

Auch im Bereich der Optik haben sich Nanodrähte sehr bewährt. Quantenballistische Photodetektoren stellen offenbar das ultimative Limit der Photodetektion dar. Diese Detektoren besitzen einen Dunkelstrom von nahezu null und weisen eine hohe Sensitivität und eine sehr hohe räumliche Auflösung auf. Anwendungen wären beispielsweise hochsensitive Photo-Transistoren oder Einzelphotonen-Detektoren. Arrays solcher Sensoren könnten z. B. für extrem hochauflösende Kameras eingesetzt werden Seo et al. (2015). Durch die Herstellung von Al-Si-'core-shell' Heterostrukturen ist es ebenfalls möglich, ultradünne Si-Schichten auf einem Al Zylinder aufzuwickeln. Diese radialen Metall-Halbleiter Heterostrukturen könnten beispielsweise für hochempfindliche plasmonische Photodetektoren (Staudinger 2018) verwendet werden. Durch die ultra-dünne Detektorfläche und die damit zusammenhängende veränderte Bandstruktur zeigen diese Sensoren eine erhöhte spektrale Empfindlichkeit in spektralen Bereichen, die mit Volumenhalbleitern nicht zu erreichen sind. Also ich sage mal, das klingt alles sehr vielversprechend, und danke, lieber Masiar, für diesen aktuellen Überblick (aus dem Jahr 2020).

4.6.4 Ein piezoelektrisches Nanodraht-Array

Jetzt noch etwas ganz Innovatives, das zeigt, wohin die Entwicklungen langfristig vielleicht gehen könnten. Dazu braucht es einen Blick in die Zeitschrift Nature Photonics, im Detail in den Artikel von Pan et al. (2013). Dort wird ein druckempfindliches Array aus Nanodraht-Leuchtdioden vorgestellt, das sich als extrem schneller Touch-Screen verwenden lässt. Abb. 4.25a zeigt die Schemazeichnung, Abb. 4.25b das leuchtende Muster, das sich beim Aufpressen eines Stempels mit dem Wort PIEZO ergibt. Der Pixeldurchmesser ist ca. 500 nm, und je fester man aufdrückt, desto heller leuchten die LEDs. Ausgelesen wird das Ganze mit einer CCD-Kamera. Der Trick besteht darin, dass sich bei angelegtem Druck an der GaN-ZnO-Genzfläche eine Art Quantentrog (quantum well) ausbildet (Abb. 4.25c), der die Effizienz der Emission signifikant steigert.

4.6.5 Thermoelektrische Effekte

Ein weiteres Beispiel für eine interessante 1-D-Nanodraht-Anwendung, und vor allem auch für schöne 1-D-Physik, sind thermoelektrische Effekte. Zunächst betrachten wir auf Dummy-Niveau ein typisches Thermoelement, wie man es auf Wikipedia (Abb. 4.26) finden kann. Die $p-$ und $n-$Halbleiter, welche hierfür gerne verwendet werden sind $p-$ und $n-$Typ Wismut-Tellurid (auf Englisch Bismuth). Auf diesem Materialsystem ist der Seebeck-Effekt besonders groß. Wie funktioniert das Ganze? Auf der heißen Seite werden thermisch zusätzliche Majoritätsladungsträger, also Elektronen im $n-$Gebiet und Löcher im $p-$Gebiet, generiert. Diese Überschussladungsträger diffundieren nun zur kalten Seite und erzeugen dort eine Thermospannung. Gleichzeitig bewegen sich die in den heißen Gebieten erzeugten Minoritätsladungsträger in den heißen Kontakt hinein und schließen somit den Stromkreis. Hinweis: Natürlich diffundieren auch ein paar thermisch erzeugte Löcher im $n-$Gebiet in Richtung der kalten Zone. Ankommen werden die Löcher dort aber nicht, da sie

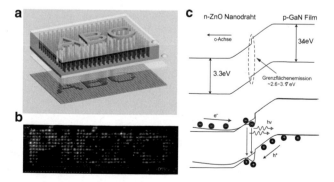

Abb. 4.25 **a** Schemazeichnung des Sensorfeldes aus druckabhängigen Mikro-LEDs. **b** Ein Stempel mit dem Wort PIEZO bringt die darunterliegenden LEDs zum Leuchten. **c** Banddiagramm der Nanodrähte unter Verspannung (Pan et al. 2013)

Abb. 4.26 Ein typisches
Thermoelement mit
Seebeck-Effekt aus p- und
n-Typ-Bi_2Te_3. Vorsicht mit
der Stromrichtung!

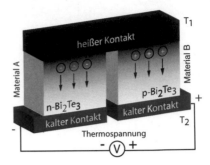

als Minoritätsladungsträger sehr schnell wieder rekombinieren. Analoges gilt für die
Elektronen im p–Gebiet.

Auf obigem Niveau werden wir aber niemals verstehen können, warum 1-D-
Nanodrähte für ein Thermoelement irgendeinen Vorteil bringen könnten. Zu diesem
Zweck müssen wir leider zurück in den Boltzmann-Formalismus und in das Buch
Festkörperphysik von den Kollegen Gross und Marx (2014), wo der Seebeck- und
Peltier-Effekt auf allgemeinere Weise und auch für Metalle erklärt werden. Wir
bleiben dabei aber absichtlich in möglichst seichten Gewässern und kümmern uns
nur und ohne Herleitungen um die wesentlichen Formeln, die man braucht, um die
Idee hinter den 1-D-Thermoelementen zu verstehen.

Im Buch von Gross und Marx (2014) findet man jedenfalls nach wüsten Formelor-
gien die Aussage, dass die elektrische Stromdichte in komplizierter Weise sowohl
vom Gradienten des Fermi-Niveaus $\nabla \varepsilon_F$ als auch vom Temperaturgradienten ∇T
abhängt. Ich wähle der Einfachheit halber, weil uns an dieser Stelle ein Biertischniveau mal wieder völlig ausreicht, eine flapsige Formulierung: $f^a{}_{kompliziert}$ und
$f^b{}_{kompliziert}$ seien irgendwelche komplizierten Funktionen, deren Details uns hier
egal sind. Die elektrische Stromdichte berechnet sich mit Hilfe dieser Funktionen zu

$$j_{elektrisch} = f^a_{kompliziert}(\nabla \varepsilon_F, \nabla T). \qquad (4.79)$$

Gleiches gilt für die Wärmestromdichte

$$j_{heat} = f^b_{kompliziert}(\nabla \varepsilon_F, \nabla T). \qquad (4.80)$$

Details müssen Ihnen hier wurscht sein oder im Buch von den Kollegen Gross und
Marx (2014) nachgelesen werden. Das elektrische Feld ist dann mit dem spezifischen
Widerstand ρ durch

$$E = \rho\, j_{elektrisch} + S\nabla T \qquad (4.81)$$

gegeben. Wieso das? Jeder kennt das ohmsche Gesetz $U = RI$ und die Formel für
den spezifischen Widerstand $R = \rho l / A$. Dann braucht man noch das elektrische Feld
$E = U/l$, und ist fertig. Im zweiten Term von Gl. 4.81 ist S die sogenannte Thermokraft (Seebeck-Koeffizient), die aber zusätzlich gerne auch noch temperaturabhängig

ist. Für die Wärmestromdichte bekommt man nach diversen Vereinfachungen und
der Konstante

$$\kappa = \frac{\pi^2}{3} \frac{k_B^2 T}{e^2} \sigma\,(\varepsilon_F) \tag{4.82}$$

die Formel

$$j_{heat} = \Pi\, j_{elektrisch} - \kappa \nabla T, \tag{4.83}$$

wobei Π der Peltier-Koeffizient ist, dessen Herkunft an dieser Stelle ebenfalls komplett unwichtig ist. σ ist die elektrische Leitfähigkeit und κ ist die Wärmeleitfähigkeit. Die Beziehung für κ ist das auch rein experimentell bekannte Wiedemann-
Franz-Gesetz, Details bitte auf Wikipedia nachlesen. Die Thermokraft, also der
Proportionalitätsfaktor zwischen E und ∇T ($E = S\nabla T$), lässt sich mit ziemlich
heftigem Boltzmann-Gewürge zu

$$S = \frac{\pi^2}{3} \frac{k_B^2 T}{e} \left[\frac{\partial \ln(\sigma)}{\partial E} \right]_{E=\varepsilon_F} \tag{4.84}$$

berechnen (σ ist die Leitfähigkeit), und mit noch mehr Boltzmann-Gewürge etwas
detailreicher in folgender Form hinschreiben (μ ist die Beweglichkeit):

$$S = \frac{\pi^2}{3} \frac{k_B^2 T}{e} \left[\frac{D(E)}{n} + \frac{\partial \ln(\mu)}{\partial E} \right]_{E=\varepsilon_F} \tag{4.85}$$

Mit diesem Formelwerk lassen sich die beiden wichtigsten Effekte der Thermoelek-
trik verstehen, das sind der Seebeck-Effekt (4.26) und der Peltier-Effekt (Abb. 4.27).
Zur Erinnerung in maximaler Kürze: Beim Seebeck-Effekt heizt man die Probe und
bekommt eine Spannung, beim Peltier-Effekt schickt man einen Strom durch die
Probe, und die eine Seite der Probe wird warm, die andere wird kalt. Die beim
Seebeck-Effekt erhaltene Spannung ist

$$V = \int_{T1}^{T2} S_A(T) - S_B(T)\, dT. \tag{4.86}$$

Abb. 4.27 Schematische
Darstellung eines
Peltier-Elements

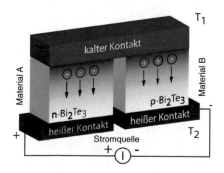

Bei einem temperaturunabhängigen Seebeck-Koeffizienten vereinfacht sich das zu

$$V = (S_A - S_B) \cdot (T_2 - T_1). \tag{4.87}$$

Beim Peltier-Effekt berechnet sich die Wärmestromdichte so

$$j_{heat} = \Pi j_{elektrisch}. \tag{4.88}$$

Dann gibt es noch die sogenannten Thomson-Beziehungen, die manchmal auch Kelvin-Beziehungen genannt werden (hier völlig hirnlos aus irgendeinem Buch kopiert und ohne Beweis):

$$\Pi = TS \tag{4.89}$$

und

$$\kappa = \frac{d\Pi}{dT} \tag{4.90}$$

Hausaufgabe: Details in Wikipedia nachlesen und vor allem die Seebeck- und Peltier-Koeffizienten heraussuchen und für verschiedene Materialien vergleichen.

So, das waren die nötigsten Grundlagen in aller Kürze, aber jetzt wird es interessant, denn nun geht es in Richtung der Nanodrähte. Zuerst betrachten wir aber noch den Wirkungsgrad einer thermoelektrischen Maschine und der ist üblicherweise

$$\eta = \frac{P_{elektrisch}}{P_{thermisch}}, \tag{4.91}$$

wobei $P_{elektrisch}$ die elektrische und $P_{thermisch}$ die thermische Leistung ist. Ohne Thermodynamik-Vorlesung kann man das zwar nicht verstehen, aber wir glauben einfach, dass für den maximalen Wirkungsgrad des Thermoelements die Formel

$$\eta_{max} = \frac{T_H - T_C}{T_H} \frac{\sqrt{1 + ZT} - 1}{\sqrt{1 + ZT + \frac{T_C}{T_H}}}, \tag{4.92}$$

(nachzulesen bei z. B. G.J.Snider (2017) oder Hee Seok Kim (2015)) gilt, in der auch die berühmte thermoelectrical figure of merit (keine epische Heldin, sondern der thermoelektische Gütefaktor) auftaucht:

$$Z = \frac{\sigma S^2}{\kappa} \tag{4.93}$$

T_H ist die Temperatur auf der heißen Seite, T_C die Temperatur auf der kalten Seite und $T = (T_H + T_C)/2$. Ist ZT gleich null, ist auch der Wirkungsgrad null. Kein Wunder also, dass in der einschlägigen Literatur alle scharf darauf sind, auch tunlichst bei Raumtemperatur $ZT \geq 1$ zu erreichen, was aber offenbar etwas schwierig ist.

Um herauszufinden, warum diese Thematik auf Nanodrähten besonders interessant ist, lohnt es sich, zuerst einen Blick auf den schematischen Aufbau eines

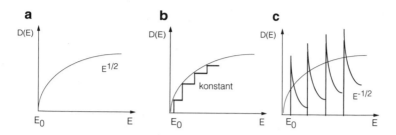

Abb. 4.28 **a** 3-D-Zustandsdichte, **b** 2-D-Zustandsdichte, **c** 1-D-Zustandsdichte

Nanodraht- Seebeck-Elements in Abb. 4.29, und dann vor allem auf den wirklich grenzgenialen Vortrag über Low-Dimensional Thermoelectricity von Heremans (2005) zu werfen. Ausgangspunkt für alle Argumente sind Gl. 4.84 und 4.85. Besonders in Gl. 4.85

$$S = \frac{\pi^2}{3} \frac{k_B^2 T}{e} \left[\frac{D(E)}{n} + \frac{\partial \ln (\mu)}{\partial E} \right]_{E=\varepsilon_F}, \qquad (4.94)$$

sieht man sofort, dass es für ein großes S am besten eine große Zustandsdichte und ein großes $\frac{\partial \ln(\mu)}{\partial E}$ braucht. Hohe Zustandsdichten an der Fermi-Kante kann man in niedrigdimensionalen Systemen haben, wo im 1-D und 0-D Fall sogar Singularitäten auftauchen (Abb. 4.28). Wer sich nicht erinnern kann, schaut am besten noch einmal im Kap. 4 im Band I dieses Buches nach. Wer sich über Details dieser Geschichte informieren möchte, findet diese bei Hicks und Dresselhaus (Hicks und Dresselhaus 1993a; Hicks und Dresselhaus 1993b) und in den neueren Arbeiten von Cornett und Rabin (Cornett und Rabin 2011a; Cornett und Rabin 2011b; Cornett und Rabin 2012).

Die Abhängigkeit der Beweglichkeit als Funktion der Energie $\frac{\partial \ln(\mu)}{\partial E}$ kann maximiert werden, indem man sich Materialien mit einer passenden Energieabhängigkeit der Streuprozesse sucht. Nanodrähte aus Wismut (Bi) oder Wismut-Verbindungen wären so ein System.

Was Sie bis hierher gelesen haben ist aber noch nicht die ganze Geschichte, denn der Gütefaktor Z wird auch durch den Quotient aus elektrischer und thermischer Leitfähigkeit beeinflusst. In Volumenhalbleitern sind die elektrische und thermische Leitfähigkeit normalerweise gekoppelt. Reduziert man die thermische Leitfähigkeit, sinkt auch die Beweglichkeit der Ladungsträger und dadurch sinkt auch die

Abb. 4.29 Schematische Darstellung eines Seebeck-Elements mit Nanodrähten

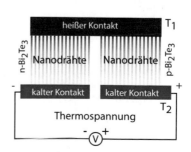

elektrische Leitfähigkeit, und für den Quotienten bringt das gar nichts. Der zentrale Punkt ist es nun, dass man es auf Nanodrähten schafft, die elektrische und thermische Leitfähigkeit zu entkoppeln. Wenn nun die thermische Leitfähigkeit sinkt, aber die elektrische nicht, bekommt man einen höheren Wert für die thermoelctrical figure of merit Z.

Tatsächlich stellte sich experimentell heraus, dass bei den meisten erfolgreichen Experimenten auf Nanodrähten der dominierende Faktor für die Erhöhung des thermoelektrischen Gütefaktors nicht die 1-D-Zustandsdichte ist, sondern stattdessen die Verringerung der Wärmeleitfähigkeit aufgrund der reduzierten mittleren freien Weglänge für Phononen in Nanodrähten die wichtigere Rolle spielt. Raue Si-Nanodrähte zeigten z. B. eine 100- fache Reduktion der Wärmeleitfähigkeit, die der Hauptgrund für den Rekordwert von $ZT \sim 0.6$ auf Si-Materialien darstellt. Details darüber finden sich bei J.Kim et al. (2000) und Z.Li et al. (2012). Mit noch mehr Details über Nanodrähte und Thermoelektrik wollen wir uns aber jetzt nicht mehr befassen, und daher wechseln wir lieber wieder einmal das Thema.

Literatur

Adams TA (2000) Physical properties of carbon nanotubes. http://www.pa.msu.edu/cmp/csc/ntproperties/

Ahlswede E (2002) Potential- und Stromverteilung beim Quanten-Hall-Effekt bestimmt mittels Rasterkraftmikroskopie, Dissertation, Universität Stuttgart https://doi.org/10.18419/opus-6505

Allain PE, Fuchs JN (2011) Klein tunneling in graphene: optics with massless electrons. Eur Phys J B 83:301–317. https://doi.org/10.1140/epjb/e2011-20351-3

Beenakker CWJ, van Houten H (1991) Quantum transport in semiconductor nanostructures. Solid State Physics 44, Hrsg. Ehrenreich, H, Turnbull D. Academic, New York (1991)

Berdebes D, Low T, Lundstrom M (2009) Lecture notes on low bias transport in graphene: An Introduction, NCN@Purdue Summer School: Electronics from the Bottom Up. https://nanohub.org/resources/7113

Berggren KF, Pepper M (2010) Electrons in one dimension. Phil Trans R Soc A. 368:1141 Copyright (2010): The Royal Society Publishing, open access

Caofeng P, Lin D, Guang Z, Simiao N, Ruomeng Y, Qing Yang, Ying Liu, Lin Wang Zhong (2013) High-resolution electroluminescent imaging of pressure distribution using a piezoelectric nanowire LED array. Nat Photo 7:752. https://doi.org/10.1038/nphoton.2013.191

Castro Neto AH, Guinea F, Peres NMR, Novoselov KS, Geim AK (2009) The electronic properties of Graphene. Rev Mod Phys 81(1):109. https://doi.org/10.1103/RevModPhys.81.109

Chiu HY, Perebeinos V, Lin YM, Avouris P (2010) Controllable p-n junction formation in monolayer graphene using electrostatic substrate engineering. Nano Lett 10:4634. https://doi.org/10.1021/nl102756r

Chklovskii DB, Shklovskii BI, Glazman LI (1992) Electrostatics of edge channels. Phys Rev B 46:4026. https://doi.org/10.1103/PhysRevB.46.4026

Chklovskii DB, Matveev KA, Shklovskii BI (1993) Ballistic conductance of interacting electrons in the quantum Hall regime. Phys Rev B 47:12605. https://doi.org/10.1103/PhysRevB.47.12605

Choon-Ming Seah, Siang-Piao Chai, Rahman Mohamed Abdul (2011) Synthesis of aligned carbon nanotubes. Carbon 49:4613

Cornett JE, Rabin O (2011) Thermoelectric figure of merit calculations for semiconducting nanowires. Appl Phys Lett 98:182104. https://doi.org/10.1063/1.3585659

Cornett JE, Rabin O (2011) Universal scaling relations for the thermoelectric power factor of semiconducting nanostructures. Phys Rev B 84(20):205410. https://doi.org/10.1103/PhysRevB. 84.205410

Cornett JE, Rabin O (2012) Effect of the energy dependence of the carrier scattering time on the thermo-electric power factor of quantum wells and nanowires. Appl Phys Lett 100:242106. https://doi.org/10.1063/1.4729381

Das A, Pisana S, Chakraborty B, Piscanec S, Saha SK, Waghmare UV, Novoselov KS, Krishnamurthy HR, Geim A-K, Ferrari AC, et al (2008) Monitoring dopants by Raman scattering in an electrochemically top-gated graphene transistor. Nat Nanotechnol 3:210–215. https://doi.org/10. 1038/nnano.2008.67

Ditlefsen E, Lothe J (1966) Theory of size effects in electrical conductivity. Phil Mag 14:759

Farmer DB, Lin YM, Afzali-Ardakani A, Avouris P (2009) Behavior of a chemically doped graphene junction. Appl Phys Lett 94:213106. https://doi.org/10.1063/1.3142865

Franz Hirler (1991) Herstellung und Untersuchung von niedrigdimensionalen Elektronensystemen. Diplomarbeit, Walter Schottky Institut, TU-München

Freitag M, Steiner M, Martin Y, Perebeinos V, Chen ZH, Tsang JC, Avouris P (2009) Energy dissipation in graphene field-effect transistors. Nano Lett 9:1883. https://doi.org/10.1021/nl803883h

Fuchs J-N (2013) Habilitation: Dirac fermions in graphene and analogues: magnetic field and topological properties. https://arxiv.org/pdf/1306.0380.pdf

Gore JP, Sane A (2011) Carbon nanotubes – synthesis, characterization, applications, intechopen, ISBN 978-953-307-497-9, https://doi.org/10.5772/978

Gross R, Marx R (2014) Festkörperphysik. De Gruyter, ISBN 978-3-11-035869-8

Heremans JP (2005) Low-dimensional thermoelectricity (XXXIV International School of Semiconducting Compounds, Jaszowiec (2005)), Acta Physica Polonica, A 108(4):609

Hicks LD, Dresselhaus MS (1993) Thermoelectric figure, of merit of a one-dimensional conductor. Phys Rev B 47(24):16631. https://doi.org/10.1103/PhysRevB.47.16631

Hicks LD, Dresselhaus MS (1993) Effect of quantum-well structures on the thermoelectric figure of merit. Phys Rev B 47(19):12727. https://doi.org/10.1103/PhysRevB.47.12727

Hodge Stephen A, Bayazit Mustafa K, Coleman Karl S, Shaffer Milo SP (2012) Unweaving the rainbow: a review of the relationship between single-walled carbon nanotube molecular structures and their chemical reactivity. Chem Soc Rev 41:4409. https://doi.org/10.1039/c2cs15334c

Huard B, Sulpizio JA, Stander N, Todd K, Yang B, Goldhaber-Gordon D (2007) Transport measurements across a tunable potential barrier in graphene. Phys Rev Lett 98:236803. https://doi.org/ 10.1103/PhysRevLett.98.236803

Jannik M (2007) Max-Planck Institut für Festkörperforschung. Pressemitteilung, Stuttgart. https:// www.mpg.de/540468/pressemitteilung20070226

Jeung HP, Pozuelo M, Setiawan Bunga PD, Chung C-H (2016) Self-catalyzed growth and characterization of In(As)P nanowires on InP(111)B using Metal-Organic Chemical Vapor Deposition. Nano Res Lett 11:208. https://doi.org/10.1186/s11671-016-1427-4 (Springer Open)

Journet C, Maser WK, Bernier P, Loiseau A, Lamy de la Chapelle M, Lefrant S, Deniard P, Lee R, Fischer JE (1997) Large-scale production of single-walled carbon nanotubes by the electric-arc technique. Nature 388:756. https://doi.org/10.1038/41972

Kalbac M, Reina-Cecco A, Farhat H, Kong J, Kavan L, Dresselhaus SM (2010) The influence of strong electron and hole doping on the Raman intensity of chemical vapor- deposition graphene. ACS Nano 4:6055. https://doi.org/10.1021/nn1010914

Kim J, Bahk J, Hwang J, Kim H, Park H, Kim W (2013) Thermoelectricity in semiconductor nanowires. Phys Status Solidi RRL 7(10):767. https://doi.org/10.1002/pssr.201307239

Klein O (1929) Die Reflexion von Elektronen an einem Potentialsprung nach der relativistischen Dynamik von Dirac. Z Phys 53:157. https://doi.org/10.1007/BF01339716

Li Z, Sun Q, Xiang DY, Zhong HZ, Qing G, (Max) Lu (2012) Semiconductor nanowires for thermoelectrics. J Mater Chem 22:22821. https://doi.org/10.1039/c2jm33899h

Liu H, Liu Y, Zhua D (2011) Chemical doping of graphene. J Mater Chem 21:3335. https://doi.org/ 10.1039/C0JM03711G

Lugstein A, Andrews AM, Steinmair M, Hyun Y-J, Bertagnolli E, Weil M, Pongratz P, Schram-
  böck M, Roch T, Strasser G (2007) Growth of branched single-crystalline GaAs whiskers on Si
  nanowire trunks. Nanotechnology 18:355306. https://doi.org/10.1088/0957-4484/18/35/355306
Marek AI, Persson MW, Larsson SS, Jonas Ohlsson B, Lars Samuelson L, Wallenberg R (2004)
  Solid-phase diffusion mechanism for GaAs nanowire growth. Nat Mat 3:677. https://doi.org/10.
  1038/nmat1220
Masiar Sistani MA, den Luong MI, Hertog E, Robin M, Spies B, Fernandez J, Yao E, Lugstein
  Bertagnolli A (2017) Monolithic axial and radial metal-semiconductor nanowire heterostructures.
  Nano Lett 18:7692. https://doi.org/10.1021/acs.nanolett.8b03366
Masiar Sistani, Philipp Staudinger, Johannes Greil, Martin Holzbauer, Hermann Detz, Emmerich
  Bertagnolli, Alois Lugstein (2017) Room-temperature quantum ballistic transport in monolithic
  ultrascaled Al-Ge-Al nanowire heterostructures. Nano Lett 17:4556. https://doi.org/10.1021/acs.
  nanolett.7b00425
Miller W.H. (1888) Electric arc lamp, US Patent 367006
Mohammad MA, Muhammad M (2012) In: Stepanova M, Dew S (Hrsg.), Nanofabrication, tech-
  niques and principles, Kap. 2. Springer. ISBN 978-3-7091-0423-1, https://doi.org/10.1007/978-
  3-7091-0424-8_
Mori N, Momose H, Hamaguchi C (1992) Magnetophonon resonances in quantum wires. Phys Rev
  B 45:4536(R). https://doi.org/10.1103/PhysRevB.45.4536
Panos K, Gerhardts RR, Weis J, von Klitzing K (2013) Current distribution and Hall potential lands-
  cape towards breakdown of the quantum Hall-effect: a scanning force microscopy investigation.
  New J Phys 16:113071. https://doi.org/10.1088/1367-2630/16/11/113071
Peters EC, Lee EJ, Burghard HM, Kern K (2010) Gate dependent photocurrents at a graphene p-n
  junction. Appl Phys Lett 97:193102. https://doi.org/10.1063/1.3505926
Pichler T (2007) Molecular nanostructures: carbon ahead. Nat Mater 6:332. https://doi.org/10.1038/
  nmat1898
Pippard AB (1989) Magnetoresistance in metals. Cambridge University Press, Cambridge
Ristein J (2006) Surface transfer doping of semiconductors. Science 313:1057. https://doi.org/10.
  1126/science.1127589
Rolf S (2009) Halbleiterphysik. Oldenburg. ISBN 978-3-486-58863-7
Seifner MS, Masiar S, Fabrizio P, Giorgia Di P, Patrik P, Michael H, Alois L, Sven B (2018) Direct
  synthesis of hyperdoped Germanium nanowires. ACS Nano 12(2):1236. https://doi.org/10.1021/
  acsnano.7b07248
Seo M, Hong C, Lee SY, Choi HK, Kim N, Chung Y, Umansky V, Mahalu D (2015) Multi-valued
  logic gates based on ballistic transport in quantum point contacts. Sci Rep 4:3806. https://doi.
  org/10.1038/srep03806
Seok KH, Weishu L, Gang C, Ching-Wu C, Zhifeng R (2015) Relationship between thermoelectric
  figure of merit and energy conversion efficiency. PNAS 112(27):8205. https://doi.org/10.1073/
  pnas.1510231112
Shin HJ, Choi WM, Choi D, Han GH, Yoon SM, Park HK, Kim SW, Jin YW, Lee SY, Kim JM
  et al (2010) Control of electronic structure of graphene by various dopants and their effects on a
  nanogenerator. J Am Chem Soc 132:15603. https://doi.org/10.1021/ja105140e
Simone S, Daniel S, Daniel N, Lukas D, Ole B, Benedikt S, Michael K, Thomas M (2016) Con-
  trolled generation of a p-n junction in a waveguide integrated graphene photodetector. Nano Lett
  16(11):7107–7112. https://doi.org/10.1021/acs.nanolett.6b03374
Smoliner J, Ploner G (1989) Electron transport and confining potentials in nanostructures, Handbook
  of Nanostructured Materials and Nanotechnology, Bd. 3, 1, Hrsg. H.Nalwa, Academic Press,
  ISBN-13: 978-0471958932
Snyder GJ, Snyder AH (2017) Figure of merit ZT of a thermoelectric device defined from materials
  properties. Energy Environ Sci 10:2280. https://doi.org/10.1039/C7EE02007D
Staudinger P, Sistani M, Greil J, Bertagnolli E, Lugstein A (2018) Ultrascaled Germanium nanowires
  for highly sensitive photodetection at the quantum ballistic limit. Nano Lett 5030. https://doi.org/
  10.1021/acs.nanolett.8b01845

Thelander C, Agarwal P, Brongersma S, Eymery J, Feiner LF, Forchel A, Schefflerg M, Riessh W, Ohlsson BJ, Gösele U, Samuelsona L (2006) Nanowire-based one-dimensional electronics. Mat Today 9(10):28. https://doi.org/10.1016/S1369-7021(06)71651-0

Thornton TJ, Roukes ML, Scherer A, Van de Gaag BP (1989) Boundary scattering in quantum wires. Phys Rev Lett 63:2128. https://doi.org/10.1103/PhysRevLett.63.2128

von Klitzing K (1986) The quantized hall effect. Rev Mod Phys 58:519. https://doi.org/10.1103/RevModPhys.58.519

von Klitzing K, Rolf G, Jürgen W (2005) 25 Jahre Quanten Hall Effekt. Phys J 38(6):4

Weber WM, Thomas M (2017) Silicon and germanium nanowire electronics: physics of conventional and unconventional transistors. Rep Prog Phys 80:066502. https://doi.org/10.1088/1361-6633/aa56f0

Weis J, Klitzing Kv (2011) Metrology and microscopic picture of the integer quantum Hall effect. Phil Trans R Soc A 369:3954 https://doi.org/10.1098/rsta.2011.0198

Weiss D, Klitzing Kv, Ploog K, Weimann G (1989) Magnetoresistance oscillations in a two-dimensional electron gas induced by a submicrometer periodic potential. Europhys Lett 8:179

Wind SJ, Appenzeller J, Martel R, Derycke V, Avouris P (2002) Transistor structures for the study of scaling in carbon nanotubes. J Vacuum Sci Technol B20:2798. https://doi.org/10.1116/1.1624260

Young AF, Kim P (2009) Quantum Interference and Klein-Tunnelling in Graphene Heterojunctions. Nat Phys 5:222. https://doi.org/10.1038/nphys1198

Nulldimensionale Elektronengase

5

Inhaltsverzeichnis

5.1   Typische Anwendungen

Überraschenderweise waren nulldimensionale Elektronengase bisher wissenschaftlich interessanter und auch ergiebiger als eindimensionale Elektronengase. Nulldimensionale Elektronengase sind Elektroneninseln, in denen sich die Elektronen nicht weiterbewegen können. Manche Leute reden von künstlichen Atomen. Die wichtigsten Vertreter sind selbstorganisierte Nanokristalle, selbstorganisierte InAs-Quantenpunkte und die durch Gateelektroden auf HEMT-Basis hergestellten Elektroneninseln. Dann gäbe es noch metallische Elektroneninseln, kolloide Quantenpunkte etc. Nulldimensionale Elektronengase haben interessante Anwendungen:

- Aus selbstorganisierten 0-D-Nanokristallen lassen sich Farbstoffe herstellen, deren Farbe nur von der Partikelgröße, nicht aber vom Material abhängt. Gerüchteweise ist das schöne Ferrari-Rot auch nicht ganz frei von Nanopartikeln. Magnetische Nanokristalle gibt es auch. Die sind, wie sich herausstellte, sehr praktisch bei der Erzeugung von unsichtbarer Geheimtinte.
- Quanteneffekte gibt es so viele, dass sie gleich mehrere Bücher füllen. Wir beschränken uns wie bisher auf eine minimalistische Einführung in das Gebiet.
- Viel nützlicher als jeder Quanteneffekt im Quantenpunkt ist aber ein klassischer Effekt, und das ist die Coulomb-Blockade. Damit kann man einzelne Elektronen zählen und ein Stromnormal bauen, das Stichwort heißt Elektronenpumpe.

© Springer-Verlag GmbH Deutschland, ein Teil von Springer Nature 2021
J. Smoliner, *Grundlagen der Halbleiterphysik II*,
https://doi.org/10.1007/978-3-662-62608-5_5

- Quantencomputer in Form von zellulären Quantenautomaten sind auch immer spannend.
- Ganz am Ende dieses Kapitels können Sie dann noch lernen, warum man Quantencomputer überhaupt haben will. Weiterhin werden Sie sehen, dass diese im Moment noch ziemlich nutzlos sind, selbst wenn sie besser funktionieren würden.

5.2 Selbstorganisierte Nanokristalle und InAs-Quantenpunkte

5.2.1 Selbstorganisierte Nanokristalle

Bei chemisch zusammengekochten, selbstorganisierten Nanokristallen schaut es bei der praktischen Verwendbarkeit eigentlich recht gut aus. Farbstoffe, bei denen die Farbe nur über die Partikelgröße eingestellt wird, sind schon sehr elegant (Abb. 5.1a). Mit $CdSe - CdS$-core-shell-Nanokristallen (Abb. 5.1b) lassen sich besonders helle Leuchtdioden herstellen (Schlamp et al. 1997). Nanokristalle für diese Zwecke bestehen gerne aus Cadmium-Selenid, Cadmium-Sulfid, und Indium-Phosphid, um nur die wichtigsten zu nennen. Wie man sieht, sind diese Anwendungen wirklich praktisch. Nicht ganz so praktisch hingegen ist die Tatsache, dass diese Nanokristalle und die Lösungsmittel (Toluol, Benzol, etc.) in denen sie hergestellt werden, alle ziemlich giftig sind. Die Vorstellung, Farbstoffe aus den derzeitigen Nanokristallen überall im täglichen Gebrauch zu haben, empfinde ich daher als nicht wirklich attraktiv, und Ersatzmaterialien wären dringend angesagt.

Eine weitere nette Anwendung für Nanokristalle sind unsichtbare Tinten zur Produktsicherung gegen Fälschung. Die österreichische Firma Tiger Lacke z. B. ist scheinbar recht erfolgreich bei der Herstellung magnetischer Tinten auf der Basis von Fe_2O_3-Nanokristallen für unsichtbare Marker oder Barcodes auf Parfümflaschen mit teurem Inhalt, die offenbar besonders gerne gefälscht werden. Biomarker aus magnetischen Nanopartikeln sind in der Medizin ebenfalls ein größeres Thema (z. B. Jun et al. 2005), weil die eben den Vorteil haben, nicht radioaktiv zu sein. Ob diese Fe_2O_3-Nanokristalle aber wegen der dubiosen Lösungsmittel oder ihrer geringen

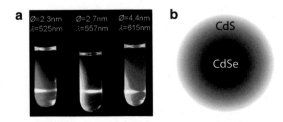

Abb. 5.1 **a** CdSe-Nanokristalle verschiedener Größe in Toluol mit Durchmessern von 2,3 nm, 2,7 nm und 4,4 nm. Die zugehörigen Emissionswellenlängen sind 525 nm, 557 nm und 616 nm (Arens 2007). **b** Core-shell Nanokristall aus Cadmiumsulfid und Cadmiumselenid

Größe vielleicht doch eher giftig sind (man erinnere sich an die Asbestproblematik), weiß niemand. Da aber bisher noch kein akutes Massensterben bei den Leuten beobachtet wurde, welche mit diesen Nanokristallen arbeiten, werden sie vorläufig als ungiftig eingestuft; das ist die seit Jahrhunderten bewährte Vorgehensweise.

5.2.2 Selbstorganisierte InAs-Quantenpunkte

InAs-Quantenpunkte sind im Wesentlichen aus zwei Gründen interessant: Die Herstellung ist einfach und die Quantisierungsenergien sind relativ groß. Anwendungen finden InAs-Quantenpunkte hauptsächlich in der Optik. Größter Nachteil der InAs-Quantenpunkte: Die elektrische Kontaktierung einzelner Quantenpunkte ist einfach ein technologischer Wahnsinn.

Da sich dieses Buch ganz offiziell um optoelektronische Bauteile nicht zu kümmern braucht, diskutieren wir die InAs-Quantenpunkte nur in aller Kürze und der Vollständigkeit halber. Kümmern wir uns zuerst um die Herstellung, und die ist, wie schon gesagt, simpel. Die Zutaten sind einfach ein Wafer aus GaAs und die Metalle Indium und Arsen, die aus zwei Tiegeln in einer Vakuumanlage im passenden Verhältnis und bei passender Temperatur verkocht werden. Der Metalldampf schlägt sich auf dem GaAs-Substrat nieder und bildet dort die erste Schicht InAs auf GaAs. Das ganze Verfahren nennt sich Molecular Beam Epitaxy (MBE). Hausaufgabe: Die Details bei Wikipedia nachlesen. Da die Gitterkonstanten von InAs und GaAs unterschiedlich sind, ist diese Schicht erheblich verspannt. Dampft man weiteres Arsen und Indium auf, wird die Schicht dicker und zerreißt in einzelne kleine Inseln. Aus energetischen Gründen mögen diese Inseln auf dem GaAs-Wafer aber keine chaotischen Geometrien, und als Folge davon bekommen die Inseln die Form kleiner, aber ziemlich regelmäßiger Pyramiden.

Typische Wachstumsprozesse sind in Abb. 5.2a–c dargestellt. Abb. 5.2a zeigt das Prinzip des Frank-de Merwe-Wachstums auf unverspannten Schichten, welches noch nicht zu Quantenpunkten führt. Abb. 5.2b zeigt das Volmer-Weber-Wachstum von Quantenpunkten bei moderater Verspannung und Abb. 5.2c das Stranski-Krastanov-Wachstum bei sehr hoher Verspannung. In Abb. 5.2d ist ein AFM-Bild eines GaAs-Substrats mit InAs-Quantenpunkten von geringer Dichte und in chaotischer Anordnung zu sehen. Man erkennt sogar die Wachstumsterrassen der GaAs-Kristallebenen. Die Höhenunterschiede zwischen den einzelnen Terrassen betragen ca. 0,25 nm. Mit einiger Mühe kann man aber auch ein gezieltes Wachstum (seeded growth) erreichen. Ein Beispiel hierfür zeigt Abb. 5.2e. Hinweis: Wenn Sie das nächste Mal in Ihrem Bad heiß und ausgiebig geduscht haben, werfen Sie mal einen Blick auf Ihren Badezimmerspiegel. Dieser sollte dann beschlagen sein. Nach einiger Zeit verschwindet der Beschlag, dafür bleiben Wassertropfen zurück. Wenn Sie jetzt das Wort ‚Badezimmerspiegel' durch das Wort ‚GaAs-Substrat' und ‚Wassertropfen' durch ‚InAs-Quantenpunkte' ersetzen, haben Sie eine ganz brauchbare Vorstellung dieser Wachstumsprozesse.

Ganz oben auf einer GaAs-Probe sind InAs-Quantenpunkte aber zu gar nichts nutze, da diese in kurzer Zeit wegrosten oder sonst wie degradieren. Um dieses zu

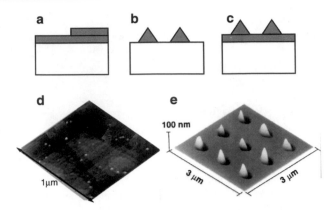

Abb. 5.2 Verschiedene Wachstumsarten in der Kristallzucht zur Herstellung von Quantenpunkten.
a Frank-de-Merwe-Wachstum. **b** Volmer-Weber-Wachstum. **c** Stranski-Krastanov-Wachstum. **d**
AFM-Bild von InAs-Quantenpunkten von geringer Dichte in chaotischer Anordnung. **e** Ein Array
von Quantenpunkten hergestellt durch gezielt induziertes Wachstum (Ishikawa et al. 1998; Steiner
2004)

verhindern, muss man die Quantenpunkte einpacken, und als Motivation dafür hat
man zwei nutzbringende Anwendungen: Man kann die Quantenpunkte als Fallen
für Elektronen und Löcher und damit als Lichtquelle verwenden oder als energeti-
sches Resonanzniveau für resonante Tunnelprozesse in irgendwelchen Tunneldioden
einsetzen. Die erste Variante ist ein typischer Halbleiterlaser, wie er in Abb. 5.3 dargestellt ist. Der Vorteil der Quantenpunkte liegt darin, dass wegen der höheren Orts-

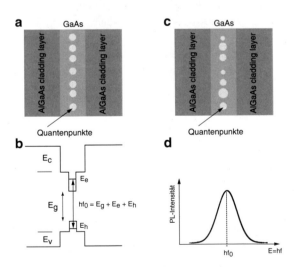

Abb. 5.3 **a** Quantenpunkte, eingebaut in die aktive Zone eines Halbleiterlasers. Der cladding
layer ist eine Deckschicht. **b** Zugehöriges Banddiagramm. **c** Quantenpunkte im Halbleiterlaser mit
statistischer Größenverteilung. **d** Schematische Darstellung der Linienverbreiterung im Photolumi-
neszenzspektrum, welche durch statistische Größenvariationen der Quantenpunkte beim Wachstumsprozess verursacht wird

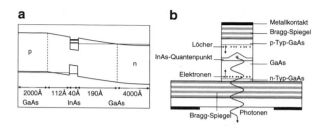

Abb. 5.4 a Bandprofil einer GaAs-InGaAs-GaAs-Probe für die Einzelphotonenemission mit InAs-Quantenpunkten, welche in eine pin-Diode eingebettet sind. **b** Schemazeichnung der konkreten Probenstruktur mit allen Details (Benson et al. 2000)

einschränkung (confinement) im Quantenpunktlaser der Schwellstrom im Vergleich zum Quantentroglaser (quantum-well-laser) sinkt und damit die Lebensdauer der Batterien im Laserpointer steigt. Noch dazu kann über die kontrollierbare Größe der Quantenpunkte die Wellenlänge des Lasers in gewissen Bereichen eingestellt werden. Wegen der natürlichen Größenverteilung der Quantenpunkte muss man aber auch mit größeren Linienbreiten in der Wellenlänge rechnen. Wer mehr wissen will, lese bitte im Artikel von Kissel et al. (2000) oder im Buch von Steiner (2004) nach. Die Verwendung von InAs-Quantenpunkten in Lasern ist eine Möglichkeit hohe Lichtintensitäten zu erreichen, man kann aber auch andere Ziele verfolgen, und das ist die kontrollierte Emission einzelner Photonen für die Quantenkommunikation. Die verwendete Struktur ist einer Laserstruktur nicht unähnlich, nur will man dieses Mal nicht viele, sondern nur einen einzigen Quantenpunkt im Resonator haben (Abb. 5.4). Einzelphotonenquellen, das Stichwort ist single photons on demand, sind in der Quantenkryptographie sehr beliebt. Die Idee ist auch wieder einfach: Wenn ich dem Empfänger erst die Information schicke, in wie vielen Photonen die eigentliche geheime Nachricht daherkommt, kann niemand mehr mithören, denn jedes Photon ist genau ein Bit. Hört jemand mit, fehlen Photonen. Das fällt natürlich auf, und noch dazu ist die Nachricht zerstört. Eine ‚man in the middle'-Attacke ist natürlich noch immer möglich, aber dazu muss man wissen, wer wann an wen irgendetwas schickt, und das ist dann doch nicht ganz so leicht.

5.3   Strukturierte Quantenpunkte

Die nächste weitverbreitete Klasse von Quantenpunkten sind lithographisch hergestellte Quantenpunkte. Hier wird dann gerne zwischen Systemen unterschieden, in denen der Strom senkrecht zu den Schichten der Probe fließt (vertikale Quantenpunkte), und lateralen Quantenpunkten, in denen der Strom parallel zur Probenoberfläche fließt. Die ersteren sind meistens strukturierte resonante Tunneldioden, die lateralen Quantenpunkte werden fast immer auf HEMT-Basis realisiert.

Quanteneffekte in lateralen Quantenpunkten gibt es selbstverständlich haufenweise. Allerdings handelt es sich hier meistens um eher kleine Effekte zweiter Ordnung, die nur bei Temperaturen im Millikelvinbereich und Magnetfeldern im Megateslabereich ablaufen. Da das für den Elektrotechnikstudenten im Masterstudium nicht sehr relevant sein dürfte, gehört das mal wieder zu den Gebieten, auf die wir hier verzichten.

Quanteneffekte in Quantenpunkten sind im vertikalen elektronischen Transport (Stromfluss senkrecht zu den Schichten der Probe) ebenfalls eine relativ fade Sache, da es wegen der technischen Probleme mit der Kontaktierung der Quantenpunkte sehr schwer ist, diese elektrisch zu untersuchen. Hinzu kommt, dass die Quantisierungsenergien im Vergleich mit den InAs-Quantenpunkten sehr klein sind und damit alle Quanteneffekte eher ziemlich verwaschen aussehen.

Ein wirklich schönes Experiment an vertikalen Quantenpunkten gibt es aber doch, und zwar an Quantenpunkten, die als dünne Säulen mit eingebetteter resonanter Tunneldiode mit asymmetrischen Barrieren realisiert wurden (Abb. 5.5a). Auch hier formen sich nulldimensionale Zustände mit Quantisierungsenergien, die in der Größenordnung von 1 meV–5 meV liegen können. Wie man in den experimentellen Daten sieht, gibt es hier eine ausgesprochen asymmetrische IV-Kennlinie. In positiver Spannungsrichtung (Abb. 5.5b) sind die Strukturen in der Kennlinie von den Energieniveaus im Quantenpunkt dominiert, welche mit steigendem Magnetfeld stärker ausgeprägt sind. Wir haben also hauptsächlich resonante Tunnelprozesse, da die Tunnelrate aus dem Quantenpunkt heraus größer ist als die Tunnelrate in den Quantenpunkt hinein. In negativer Spannungsrichtung (Abb. 5.5c) ist die Tunnelrate in den Quantenpunkt hinein größer als die Tunnelrate aus dem Quantenpunkt hinaus. Hier gibt es eine typische stufenförmige Kennlinie, weil die Transmission von Aufladungen und den sogenannten Coulomb-Blockade-Effekten dominiert wird, welche wegen der höheren Quantisierungsenergien im steigenden Magnetfeld ebenfalls deutlicher ausgeprägt sind. Und damit wären wir auch schon beim nächsten Thema.

Abb. 5.5 IV-Kennlinien gemessen auf nanostrukturierten asymmetrischen Tunneldioden.
a Schematischer Probenaufbau.
b Magnetfeldabhängige Kennlinen für positive Probenspannungen.
c Magnetfeldabhängige Kennlinien für negative Probenspannungen (Su und Goldman 1992)

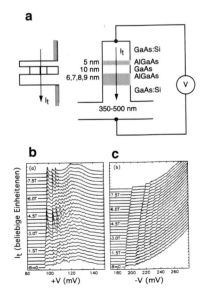

5.3.1 Coulomb-Blockade

Der wichtigste Effekt auf Quantenpunkten ist gar nicht quantenmechanisch, sondern rein klassisch. Dazu betrachten wir zunächst einen einfachen Quantenpunkt, welcher aus einer kleinen Aluminiuminsel besteht, die über zwei Aluminiumoxid-Tunnelbarrieren an einen Drain- und Source-Kontakt angebunden ist. Ein rasterelektronenmikroskopisches Foto dieses Quantenpunktes sieht man in Abb. 5.6. Da Quantenpunkte sehr klein sind, sind alle relevanten Kapazitäten auch sehr klein und liegen im Attofarad-(aF)-Bereich. Die einzig relevante Kapazität in diesem System ist die Kapazität des Plunger-Gates (plunger = Kolben in Analogie zu einem Kolben, der Gas in einem Zylinder komprimiert). Jetzt beschließen wir, dass wir uns für Quantenmechanik trotz des Namens Quantenpunkt vorerst nicht interessieren, und kümmern uns nur um die rein klassische Coulomb-Blockade.

Was uns dazu besonders interessiert, ist die Gesamtenergie eines mit N Elektronen geladenen Quantenpunktes. Zu diesem Zweck schauen wir zunächst auf die Abb. 5.7 und stellen fest, dass der Quantenpunkt aus zwei Komponenten besteht, nämlich der Aluminiuminsel und dem Plunger-Gate. Berechnen wir zunächst die Ladeenergie der Aluminiuminsel mit der Kapazität C. Dazu graben wir im Keller hinten links

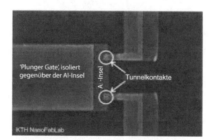

Abb. 5.6 Eine relativ einfache Realisierung eines metallischen (Aluminium) Quantenpunktes (QP), der über Aluminiumoxid-Tunnelbarrieren mit Source und Drain verbunden ist. Das Plunger-Gate dient zur Steuerung der Elektronenanzahl auf dem Quantenpunkt (Mit freundlicher Genehmigung von Liljeborg und Haviland 2017)

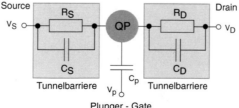

Abb. 5.7 Ein einfaches Modell eines Quantenpunktes (QP), der über Tunnelbarrieren mit Source und Drain verbunden ist. Das Plunger-Gate dient zur Steuerung der Elektronenanzahl auf der Metallinsel (Weis 2011)

das Skriptum über Elektrodynamik aus und finden (auch bei Wikipedia) die Formel
für die Energie eines geladenen Kondensators mit N Elektronen:

$$E_N = \frac{(Ne)^2}{2C} - NeV_p \tag{5.1}$$

Die Ableitung der Formel findet sich, vermutlich weil zu einfach, eher nicht im
Skriptum über Elektrodynamik und auf Wikipedia schon gar nicht, dafür findet die
sich sicherheitshalber hier. Die Energie ist bekanntlich ein Integral des Produktes
aus Kraft (F) mal Weg (d). Die Kraft auf eine differentielle Ladung ist $dF = Edq$,
wobei E das elektrische Feld und dq die differentielle Ladung ist. Die Gesamtkraft
auf die gesamte Ladung ist dann

$$F = \int_0^Q E dq. \tag{5.2}$$

Die Energie W bekommt man mit der Beziehung $Ed = V$, wobei V die Spannung
oder der Potentialunterschied ist:

$$W = Fd = \int_0^Q Ed\,dq = \int_0^Q V\,dq \tag{5.3}$$

Wenn wir uns jetzt noch an die Kapazitätsformel $V = \frac{Q}{C}$ erinnern und für Q den
Ausdruck Ne einsetzen, bekommen wir für die gesamte elektrostatische Energie auf
der Insel mit N Elektronen

$$E_{Insel}(N) = \frac{e^2 N^2}{2C}. \tag{5.4}$$

und das ist die Formel von oben.

Das ist aber nur die halbe Geschichte, denn es gibt ja noch das Plunger-Gate, das
kapazitiv an der Insel hängt und an dem durch das Aufladen der Insel jetzt eine positive Spannung V_p anliegt. Diese Spannung entspricht einer negativen potentiellen
Energie von $-eV_p$. Über das Vorzeichen kann man streiten. In Summe bekommt
man also für die Ladeenergie des Quantenpunktes mit N Elektronen

$$E_N = \frac{(Ne)^2}{2C} - NeV_p. \tag{5.5}$$

Wenn die Kapazität C der Insel sehr klein ist, dann ist $E_N - E_{N+1}$ groß gegenüber
kT und damit vernünftig messbar. Vernünftig heißt in diesem Fall unter Laborbe-
dingungen, da die sinnvolle Temperatur T für solche Versuche trotz der kleinen
Kapazitäten noch immer im mK-Bereich liegt. Da zum Laden des Quantenpunktes
mit einem weiteren Elektron eine zusätzliche Energie $E_{N+1} - E_N$ notwendig ist,
kann der Quantenpunkt nicht einfach so mit einem weiteren Elektron befüllt werden.

Ein zusätzliches Elektron kann aber dann hinein, wenn V_p so eingestellt ist, dass die Bedingung $E_N = E_{N+1}$ erfüllt ist und man somit eben keine zusätzliche Energie aufbringen muss. Das klingt seltsam, ist aber tatsächlich bei den Spannungswerten

$$V_p = e \frac{(N + 1/2)}{C} \tag{5.6}$$

möglich. Sie glauben es nicht? Gut, rechnen wir nach: E_N hatten wir schon oben, für E_{N+1} gilt

$$E_{N+1} = \frac{((N + 1)\,e)^2}{2C} - eV_p\,(N + 1). \tag{5.7}$$

Also haben wir nun die Beziehung

$$\frac{(Ne)^2}{2C} - eV_pN = \frac{((N + 1)\,e)^2}{2C} - eV_p\,(N + 1). \tag{5.8}$$

Die kann man nun etwas ausmultiplizieren, und wir bekommen

$$\frac{(Ne)^2}{2C} - eV_pN = \frac{(Ne)^2 + e^2 + 2Ne^2}{2C} - eV_p\,(N + 1). \tag{5.9}$$

Nun durchkürzen

$$0 = \frac{e^2 + 2Ne^2}{2C} - eV_p, \tag{5.10}$$

und wir sind fertig:

$$V_p = \frac{e + 2Ne}{2C} = e\frac{1 + 2N}{2C} = e\frac{(1/2 + N)}{C} \tag{5.11}$$

Ist V_p auf diese Weise richtig eingestellt, führt dies zu Spitzen in der Leitfähigkeit (Abb. 5.8). Die Höhe der Spitzen ist idealerweise konstant. In realen Quantenpunkten ist das aber selten der Fall, weil quantenmechanische 0-D-Energieniveaus und Zustandsdichteeffekte dann doch noch eine lästige Rolle spielen. Das Experiment geht also nur dann gut, wenn die quantenmechanischen Energieniveaus im Quantenpunkt sehr nahe zusammenliegen und vielleicht auch noch zusätzlich durch Streuung verschmiert werden. Es gibt also überhaupt keinen Grund, für dieses Experiment hohe Quantisierungsenergien anzustreben, wie es das Schema in Abb. 5.8 suggeriert. Im Gegenteil, diese Quantenniveaus sind nur extrem ärgerlich, und man will sie tunlichst loswerden, z. B. durch die Verwendung eines rein metallischen Quantenpunktes, wie er in Abb. 5.6 dargestellt ist.

Wichtiger Hinweis zum Schluss: Die Geschichte mit der Coulomb-Blockade funktioniert nur dann, wenn folgende Bedingungen erfüllt sind:

Abb. 5.8 Coulomb-
Blockade-Effekte auf
lateralen Quantenpunkten.
a Schematischer Aufbau
eines lateralen
Quantenpunktes auf
HEMT-Basis mit mehreren
Gateelektroden. GP ist das
Plunger-Gate **b** Zugehöriges
Bandprofil. **c** Typische
experimentelle Daten für die
Leitfähigkeit eines lateralen
Quantenpunktes als Funktion
der Gatespannung.
d Berechnete Ladung und
Leitfähigkeit eines QP. **e** Das
sogenannte excitation
spectrum als Funktion der
Drain-Source-Spannung
(Foxman 1993)

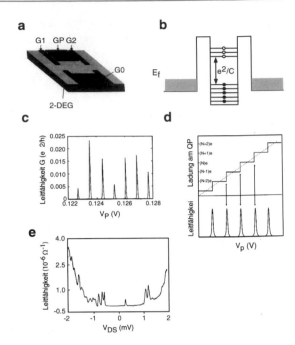

- Die thermische Energie muss viel kleiner sein als die Ladeenergie E_C, es muss also gelten $kT \ll E_C$.
- Die Energie, welche die Elektronen durch das elektrische Feld zwischen Source und Drain aufnehmen, muss viel kleiner sein als die Ladeenergie E_C, also muss gelten: $eV_{SD} \ll E_C$.
- Der elektrische Widerstand R zwischen Source und Drain muss ausreichend hoch sein: $R > h/e^2$. Diese letzte Forderung folgt aus der Unschärferelation $\Delta E \Delta t > h$ unter Benutzung der Abschätzungen $\Delta E = E_C$ und $\Delta t = RC$.

Wer tiefer in dieses Gebiet einsteigen möchte, lese am besten im Übersichtsartikel von Meirav und Foxman (1996) und in der Dissertation von Foxman (1993) nach.

5.3.2　Der Single-Electron-Transistor

Zur Erinnerung: Bisher wurde die Drain-Source-Spannung $V_{DS} = 0$ konstant gehalten und die Leitfähigkeit mit einer kleinen Wechselspannung gemessen. Macht man das nicht, hat man sofort das sogenannte excitation spectrum mit all seinen quantenmechanischen Einflüssen am Hals. Dazu misst man bei konstantem V_p die Leitfähigkeit (conductance) als Funktion von V_{DS} und stellt fest, dass die experimentelle Situation schnell beliebig kompliziert wird. Coulomb-Blockade-Effekte mischen sich mit resonanten 0-D-Tunnelprozessen und führen zu komplexen Kennlinien (Abb. 5.8). Die Moral aus der Geschichte ist also: Für Coulomb-Blockade-Experimente besser die Quantenpunkte aus Aluminium verwenden, denn in denen gibt es wegen der extrem kleinen mittleren freien Weglänge in Metallen eben keine Quanteneffekte. Excitation spectra gibt es trotzdem, aber die kann man verstehen, und die sind auch ganz besonders interessant, weil wir dann den Quantenpunkt in dieser Konfiguration als Single-Electron-Transistor benutzen können. Jetzt noch schnell eine Copyright-Beichte: Der nächste Abschnitt wurde zu größeren Teilen gnadenlos aus der Dissertation von Karl Martin Darius Weis (2011) von der RWTH Aachen plagiiert, weil schöner kann ich es auch nicht erklären.

Die Idee des Single-Electron-Transistors ist einfach und genial, denn mit Hilfe der Coulomb-Blockade kann man einzelne Elektronen zählen. Der Strom ist definiert als $I = \dot{Q}$, also als Anzahl der fließenden Elektronen pro Sekunde. Damit ist sofort klar, dass man daraus ein Stromnormal basteln können sollte. Ehe wir das tun, braucht es noch ein wenig Theorie, denn so einfach ist das leider auch wieder nicht. Im Detail muss man die Bedingungen und ganz besonders die Gatespannung und die Drain-Source-Spannung genau kennen, bei denen in kontrollierter Weise genau ein Elektron nach dem anderen durch den Quantenpunkt läuft. Beachten Sie den Unterschied zum vorhergehenden Abschnitt: Dort war die Spannung zwischen Source und Drain immer null, es wurde nur die Leitfähigkeit in Abhängigkeit von V_p mit einer kleinen Wechselspannung gemessen. Wie viele Elektronen wann durch den Quantenpunkt liefen, war egal.

Wie sich gleich zeigen wird, ist ein geregelter Elektronentransport für beliebige Kombinationen von V_{DS} und V_p nur dann möglich, wenn man das sogenannte Stabilitätsdiagramm (Abb. 5.10 weiter hinten im Text) beachtet. Starten wir mit einem doppelten Al/Al-Oxid/Al-Tunnelkontakt, wie er in Abb. 5.7 dargestellt ist. R_S und R_D sind die Tunnelwiderstände zu Source und Drain, C_S und C_D sind die zugehörigen Kapazitäten, und C_p ist die Kapazität des Plunger Gates. Nochmals muss man betonen, dass durch die Verwendung von hinreichend großen Al/Al-Oxid/Al-Tunnelkontakten garantiert keine Quanteneffekte zu finden sind und ausschließlich die klassische Coulomb-Blockade zu berücksichtigen ist.

Schauen wir uns jetzt die Geschichte mit der Aufladung des Quantenpunktes und den zugehörigen Energien nochmals etwas genauer an. Die Einteilchenenergien werden mit ε_i^n bezeichnet, wobei i die Anzahl der Elektronen auf dem Quantenpunkt indiziert und n die Zustände für festes i. Dabei entspricht $n = 0$ dem quantenmechanischen Grundzustand. In der Dissertation vom Kollegen Weis wird angenommen, dass nur dieser Grundzustand besetzt ist und dass auch sonst keine weiteren Komplikationen eintreten. Am besten nehmen wir aber gleich an, dass wir im klassischen Bereich sind und dass vor allem zur Vereinfachung der Situation $\varepsilon_0^0 = 0$ gilt. Um den Vergleich mit anderer Literatur zu vereinfachen, ziehe ich aber diesen ε_i^n-Term, hoffentlich richtig, dennoch durch die ganze Rechnung. Wenn alle Elektroden (Drain, Source, Gate) geerdet sind, befinde sich auf der Insel damit nur noch die evtl. vorhandene Hintergrundladung Q_p auf dem Gate, wie z. B. irgendwelche Oxidladungen und sonstiger Dreck. Um N Elektronen auf die Insel zu bringen, wird folgende Energie benötigt:

$$E(N)^0 = \sum_{i=1}^{N} \varepsilon_i^0 + \frac{e^2 N^2}{2C} - eN \left(\frac{Q_p}{C} + \sum_{j=1}^{3} \frac{C_j^0}{C} V_j \right) \tag{5.12}$$

Die elektrostatische Energie, repräsentiert durch die letzten beiden Terme (ganz analog zu Gl. 5.5), enthält zwei Komponenten: den von der Hintergrundladung generierten Beitrag $\frac{Q_P}{C}$ und die von den Ladungen $C_j^0 V_j$ durch die Spannungen V_j an
den Elektroden j induzierte Komponente. Vorsicht: In diesem Buch steht ein Minus
vor diesen Termen, ganz analog zu den früheren Betrachtungen. In der Dissertation
vom Herrn Weis findet sich ein $+$, warum auch immer. Die Indizes $j = 1, 2, 3$ sind
in dieser Reihenfolge Source, Drain und Gate zugeordnet und C_j^0 ist das Element
der Kapazitätsmatrix, das die kapazitive Kopplung zwischen der Insel und der Elektrode j beschreibt. Hinweis: Das mit der Kapazitätsmatrix ist wieder eine eigene
Geschichte, die hier den Rahmen der Diskussion sprengen würde. Für uns sind die
C_j^0 einfach irgendwelche Konstanten, deren exakter Wert uns hier und jetzt komplett
egal sein kann.

Als nächster Schritt auf dem Weg zum Stabilitätsdiagramm wird in der Dissertation von Weis (2011) das chemische Potential μ_N des Quantenpunktes aus dem Hut
gezaubert und das, meiner Meinung nach, in etwas undurchsichtiger, oder zumindest in völlig unnötiger Weise. Wikipedia sagt jedenfalls: Im Halbleiter brauchen
wir das chemische Potential nicht, denn das entspricht zumindest bei $T = 0K$
dem Fermi-Niveau. Da alle ordentlichen Coulomb-Blockade-Experimente im mK-
Bereich ablaufen, würde ich sagen, das ist erfüllt. Jetzt brauchen wir also die Fermi-
Energie im Quantenpunkt, und zur Vermeidung unnötiger Verwirrung würde ich
jetzt vorschlagen, dass wir die Fermi-Energie, abweichend zu dem, was in der Dissertation vom Kollegen Weis steht, mit der Ladeenergie des Quantenpunktes mit
N Elektronen gleichsetzen, denn am Ende kommt dasselbe Ergebnis heraus. Wir
nehmen also die Beziehung

$$E(N) = E_F(N).\tag{5.13}$$

Wird N um 1 erhöht, so macht $E_F(N)$ einen Sprung um e^2/C. Wichtig: Die Trans-
porteigenschaften des Quantenpunktes hängen von der Lage der Fermi-Niveaus E_F^S
und E_F^D in Source und Drain relativ zu $E_F(N)$ ab. Zwischen E_F^S und E_F^D besteht
der Zusammenhang

$$E_F^S - E_F^D = eV_{SD}.\tag{5.14}$$

Zur Berechnung der Coulomb-Peaks im Leitfähigkeitsspektrum des Single-Electron-
Transistors wird zunächst eine Situation mit tiefer Temperatur und betragsmäßig kleiner Source-Drain-Spannung betrachtet. Es gelte also eV_{SD} und $kT << E_N$, denn nur
dann lässt sich $E_F(N)$ über die Gatespannung V_p passend einstellen. Falls $E_F(N)$
zwischen E_F^S und E_F^D liegt, kann ein Strom durch den Quantenpunkt fließen, und die
Anzahl der Elektronen auf dem Quantenpunkt wird zwischen N und $N + 1$ fluktuie-
ren (Abb. 5.9). Der differentielle Leitwert $G_{diff} = dI/dV_{SD}$ zeigt dann ein scharfes
Maximum. Durch E_F^S und E_F^D wird also ein Transportfenster (bias window) festgelegt, innerhalb dessen sich der Quantenpunkt im Zustand $E_F(N) = E_F(N + 1)$
befinden muss, um den Stromfluss zu ermöglichen. Zu beachten ist, dass Elektronen nur nacheinander und nicht gleichzeitig durch den Quantenpunkt tunneln können. Dies wird als sequentielles Einzelelektronentunneln (sequential single-electron-
tunneling) bezeichnet. Befindet sich die Energie $E_F(N)$ nicht im Transportfenster

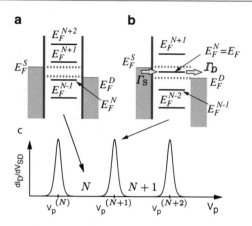

Abb. 5.9 Schematische Darstellung der Entstehung von Coulomb-Peaks in der Leitfähigkeit. **a** Das Fermi-Niveau im Dot (E_F^N) liegt außerhalb des Transportfensters zwischen E_F^S und E_F^D. **b** Das Fermi-Niveau im Dot (E_F^{N+1}) liegt innerhalb des Transportfensters zwischen E_F^S und E_F^D, und man beobachtet einen Peak in der Leitfähigkeit. Γ_S und Γ_D sind die Tunnelraten zwischen Source und Quantenpunkt bzw. zwischen Quantenpunkt und Drain. **c** Peaks in der Leitfähigkeit für die entsprechenden Lagen der Fermi-Niveaus (Adaptiert von Weis 2013)

zwischen E_F^S und E_F^D, ist der Stromfluss blockiert und wir sind im Bereich der Coulomb-Blockade. Die Gatespannungen $V_p(N)$, bei denen Coulomb-Peaks auftreten, ergeben sich wie früher aus der Bedingung $E_F(N) = E_F(N+1)$, nur dass jetzt noch die angelegte Spannung zwischen Drain und Source berücksichtigt werden muss. Die Beziehung für die Peaks in der Leitfähigkeit im Single-Electron-Transistor lautet also jetzt

$$E_F(N)^0 + eV_{DS} = E_F(N+1)^0. \tag{5.15}$$

Setzen wir also in Gl. 5.12 ein und rechnen ein wenig herum, so bekommen wir

$$\sum_{i=1}^{N} \varepsilon_i^0 + \frac{e^2 N^2}{2C} - eN\left(\frac{Q_p}{C} + \sum_{j=1}^{3} \frac{C_j^0}{C} V_j\right) + eV_{DS}$$
$$= \sum_{i=1}^{N} \varepsilon_i^0 + \frac{e^2(N+1)^2}{2C} - e(N+1)\left(\frac{Q_p}{C} + \sum_{j=1}^{3} \frac{C_j^0}{C} V_j\right). \tag{5.16}$$

Nicht vergessen: Die ε_i^0 sind alle null und wurden nur zum besseren Vergleich mit anderen Literaturquellen mitgeschleppt. Weil sie uns aber jetzt endgültig auf den Wecker gehen, vernachlässigen wir diese quantenmechanischen Beiträge von ε_i^0 ab sofort und erhalten die Gleichung

$$\frac{e^2 N^2}{2C} - eN \left(\frac{Q_p}{C} + \sum_{j=1}^{3} \frac{C_j^0}{C} V_j \right) + e V_{DS}$$

$$= \frac{e^2 (N+1)^2}{2C} - e (N+1) \left(\frac{Q_p}{C} + \sum_{j=1}^{3} \frac{C_j^0}{C} V_j \right). \qquad (5.17)$$

Nun ein wenig durchkürzen

$$\frac{e^2 N^2}{2C} + e V_{DS} = \frac{e^2 (N+1)^2}{2C} - e \left(\frac{Q_p}{C} + \sum_{j=1}^{3} \frac{C_j^0}{C} V_j \right), \qquad (5.18)$$

ausmultiplizieren und nochmal kürzen, und wir bekommen zunächst

$$\frac{e^2 N^2}{2C} + e V_{DS} = \frac{e^2 \left(N^2 + 1 + 2N \right)}{2C} - e \left(\frac{Q_p}{C} + \sum_{j=1}^{3} \frac{C_j^0}{C} V_j \right) \qquad (5.19)$$

und nach ein paar kleinen Umformungen schließlich

$$0 = \frac{e^2 \left(1 + 2N \right)}{2C} - e \left(\frac{Q_p}{C} + \sum_{j=1}^{3} \frac{C_j^0}{C} V_j \right) - e V_{DS}. \qquad (5.20)$$

Nun die Spannung am Plunger-Gate herausheben

$$0 = \frac{e^2 \left(1 + 2N \right)}{2C} - e \left(\frac{Q_p}{C} + \sum_{j=1}^{2} \frac{C_j^0}{C} V_j + \frac{C_p^0}{C} V_p \right) - e V_{DS}, \qquad (5.21)$$

und wir erhalten

$$e \frac{C_p^0}{C} V_p = \frac{e^2 \left(1 + 2N \right)}{2C} - e \left(\frac{Q_p}{C} + \sum_{j=1}^{2} \frac{C_j^0}{C} V_j \right) - e V_{DS}. \qquad (5.22)$$

Bis auf ein Vorzeichen ist das genau dasselbe, was sich in der Dissertation vom Herrn Weis findet, und noch dazu ganz ohne irgendein Verwirrung-stiftendes chemisches Potential

$$V_p = \frac{C}{e C_p^0} \left(\frac{e^2 \left(1 + 2N \right)}{2C} - e \left(\frac{Q_p}{C} + \sum_{j=1}^{2} \frac{C_j^0}{C} V_j \right) - e V_{DS} \right). \qquad (5.23)$$

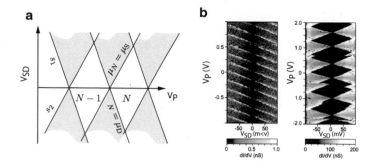

Abb. 5.10 **a** Das sogenannte Stabilitätsdiagramm (Weis 2013). **b** Typische experimentelle Daten für das Stabilitätsdiagramm. Die dunklen Rauten werden gerne auch als coulomb diamonds bezeichnet (Bolotin et al. 2004)

Hausaufgabe: Herausfinden, ob ich richtig gerechnet habe und ob sich Herr Weis vertippt hat. Diese Gleichung ist übrigens identisch mit Gl. 5.5, nur erweitert mit den allfälligen quantenmechanischen Zuständen sowie den kapazitiven Beiträgen der anderen Elektroden.

In Abb. 5.9 erkennt man schematisch die Entstehung von Coulomb-Peaks. In der hier betrachteten Situation ist E_F^S nur wenig größer als E_F^D. Die Lage der Zustände des Quantenpunktes relativ zum Transportfenster wird durch V_p bestimmt. Wenn sich ein Zustand (hier der mit der Energie $E^N = E_F^N$) im Fenster befindet, kann Strom durch den Quantenpunkt fließen, und der differentielle Leitwert $G_{diff} = \frac{dI_D}{dV_{SD}}$ zeigt ein scharfes Maximum. Zwischen den Peaks herrscht die Coulomb-Blockade vor, und die Elektronenanzahl auf dem Quantenpunkt ist festgelegt, wie z. B. zwischen dem linken und dem mittleren Peak beispielsweise auf N. Betrachtet man auch größere Werte von V_{SD} und zeichnet eine $\frac{dI_D}{dV_{SD}}$ vs. (V_p, V_{SD}) 3-D-Karte oder eine Farbkarte (Abb. 5.10), so zeigen sich in der Farbkarte ausgedehnte Bereiche, in denen kein Strom fließt. Die Karte wird als Stabilitätsdiagramm bezeichnet; die stromlosen Bereiche heißen Coulomb-Rauten (coulomb diamonds). Innerhalb der N-ten Raute ist die Anzahl der Elektronen auf dem Quantenpunkt konstant N. Außerhalb der Rauten kann mindestens ein Elektron tunneln. Innerhalb der weißen Coulomb-Rauten ist die Elektronenanzahl auf dem Quantenpunkt festgelegt (in der linken Raute beispielsweise auf $N + 1$), und es gilt $\frac{dI_D}{dV_{SD}} = 0$. In den grauen Bereichen ist das Tunneln eines Elektrons bzw. zweier Elektronen gleichzeitig möglich, und $\frac{dI_D}{dV_{SD}}$ nimmt von null verschiedene Werte an. Die hellen Gebiete im Stabilitätsdiagramm entsprechen den stabilen Regionen, in denen sich ein ganzzahliges Vielfaches der Elektronenladung im Quantenpunkt befindet. Die Hintergrundladung spielt dabei keine Rolle. Erhöht man die Gatespannung V_p und bleibt gleichzeitig mit V_{DS} im Bereich der Coulomb-Blockade ($V_{SD} < e/C$), also auf einer Linie parallel zur x-Achse, dann oszilliert der Strom mit einer Periode von e/C. Höhere Werte von V_{SD} erhöhen nur die Linienbreiten der Oszillationen. Höhere Temperaturen oder gar quantisierte Zustände im Quantenpunkt beeinflussen das Leitfähigkeitsspektrum ebenfalls erheblich.

Die Grenzen der Rauten bekommt man aus Gl. (5.23). Lassen wir dazu in Gl. 5.23 die Quantisierungsenergien und auch die restlichen Kapazitäten weg, so dass nur die Kapazität $C_3 = C_p$ des Plunger-Gate beiträgt. Gl. 5.23 lautet dann aufgelöst nach V_{SD}:

$$eV_{SD} = \frac{e^2}{C}\left(N - \frac{1}{2}\right) + e\frac{C_p}{C}V_p \tag{5.24}$$

Das ist eindeutig eine tadellose Geradengleichung. Erhöht man N, erzeugt man eine Schar paralleler Geraden. In Gl. 5.15 kann man natürlich statt $+V_{DS}$ auch $-V_{DS}$ einsetzen. Damit dreht sich die Steigung der Geraden um, und in Summe bekommt man das schöne Rautenmuster. Zum Schluss noch der Vergleich der Theorie mit den experimentellen Daten. Abb. 5.10b zeigt meiner Meinung nach eines der schönsten Beispiele für coulomb diamonds, die man in der Literatur finden kann.

5.3.3   Elektronenpumpen als Stromnormal

Elektronenpumpen als Stromnormal sind keine esoterische Anwendung, sondern wichtiger, als man denkt, denn 2018 wird das SI-System zur Gänze auf Naturkonstanten umgestellt. Um das zu verstehen, genießen wir zuerst ein paar amüsante Zeilen aus dem Vorwort der PTB-Mitteilungen von Jens Simon 2016 (PTB=Physikalisch-Technische-Bundesanstalt in Braunschweig, Deutschland): ‚Wenn die Naturkonstanten wirklich konstant sind, hat unser Einheitensystem dann die festeste und zuverlässigste Basis, die sich denken lässt. Diese Einheiten sind dann in einem ganz wörtlichen Sinne universell: Sie sind prinzipiell im gesamten Universum anwendbar. Lax gesagt: Auch ein Marsianer könnte dann verstehen, was ein Kilogramm ist. (Was heute nicht möglich ist, es sei denn wir schickten ihm das Urkilogramm, also jenes metrologisch heilige Stück Metall aus dem Tresor des Internationalen Büros für Maß und Gewicht in Sevres, Frankreich.)‘.

Die Basiseinheiten im neuen SI-System werden dann mit Hilfe des Planckschen Wirkungsquantums so definiert:

- Planck-Masse: $m = \sqrt{\frac{hc}{G}} = 2.176 \cdot 10^{-8}\text{kg}$
- Planck-Länge: $l = \sqrt{\frac{hG}{c^3}} = 1.616 \cdot 10^{-35}m$
- Planck-Zeit: $t = \frac{l}{c} = 5.391 \cdot 10^{-44}s$
- Planck-Temperatur: $T = \frac{mc^2}{k} = 1.417 \cdot 10^{32}K$

Meine Meinung dazu: Ja, universell ist das sicher, aber wenn man sich die Einheiten von Länge, Zeit und Temperatur anschaut, dann habe ich schon ein paar Zweifel, ob das auch wirklich praktisch ist. Und nicht vergessen: Bitte beten und Räucherstäbchen anzünden, damit die Naturkonstanten wirklich überall im Universum gleich und auf Dauer konstant bleiben.

Wenn man nun die Definition der Basiseinheiten und besonders des Stromes seriös durchziehen will, ist die Definition von Strom über irgendeine Kraft auf zwei strom-durchflossene Wäscheleinen im Abstand von 1 m natürlich nicht mehr angebracht, und man muss auf die sogenannte Einzelelektronenpumpe zurückgreifen. Die Idee ist wie immer einfach: Mit einem SET kann man einzelne Elektronen zählen. Wenn es nun gelingt, einzelne Elektronen kontrolliert der Reihe nach mit einer gewissen Frequenz (die Zeiteinheit ist durch Naturkonstanten gegeben) durch eine Kette von SETs zu schicken, ist der Strom ganz einfach $I = ef$. Einfacher und universeller geht es nicht.

Zur Erläuterung der Details plagiieren wir am besten den PTB-Artikel ‚Elek-tronen zählen, um Strom zu messen‘ von Scherer und Siegner (2016). Einzel-Elektronenpumpen lassen sich demnach auf zwei verschiedene Arten realisieren: Mit metallischen SETs, wie oben beschrieben, aber auch mit SETs auf Halbleiterba-sis. SETs auf Halbleiterbasis haben den Vorteil, dass die Höhen der Tunnelbarrieren steuerbar sind, und das erlaubt höhere Ströme. Umgekehrt ist aber die Fehlerrate beim Elektronenzählen mit Halbleiter-SETs größer.

5.3.4 Elektronenpumpen mit konstanten Barrieren

Aufbau und Funktionsweise einer SET-Pumpe mit Al_2O_3-Tunnelkontakten (stati-sche Potentialbarrieren) sind in Abb. 5.11 dargestellt. Diese SET-Pumpe wird aus einer Reihenschaltung von mindestens drei Tunnelkontakten gebildet, wobei die Inseln zwischen je zwei benachbarten Tunnelkontakten mit je einer Gateelektrode versehen sind. Damit können die Potentiale der Inseln elektrostatisch gesteuert wer-den. Wenn alle Gatespannungen null sind, ist aufgrund der Coulomb-Blockade kein Elektronenfluss durch diese Schaltung möglich. Sendet man nun einen Zug von Spannungspulsen über die Gateelektroden, so wird die Coulomb-Blockade der hin-tereinanderliegenden Inseln nacheinander aufgehoben, und ein Elektron folgt der elektrischen Polarisationswelle der Gatespannungen von Insel zu Insel durch die Schaltung. Die Coulomb-Blockade verhindert, dass eine Insel dabei mit zwei (oder noch mehr) Elektronen besetzt wird. Wird dieser Transportzyklus mit der Frequenz

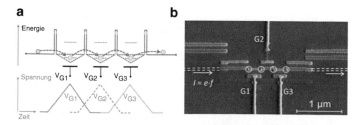

Abb. 5.11 a Funktionsweise einer SET-Pumpe mit vier Tunnelkontakten (drei Ladungsinseln zwi-schen jeweils zwei Tunnelkontakten) in schematischer Darstellung. Gezeigt ist der Transportzyklus eines Elektrons durch die Schaltung. **b** Elektronenmikroskopische Aufnahme einer solchen SET-Pumpe mit vier in Reihe geschalteten Tunnelkontakten (durch gelbe Kreise markiert) und drei Gateelektroden G1-G3, welche die Potentiale der Inseln ansteuern (Schumacher 2016)

f wiederholt, so liefert diese SET-Pumpe einen Strom $I = e \cdot f$. Wie bereits erwähnt, unterliegt der Transport durch die Tunnelbarrieren jedoch den Gesetzen der Statistik. Dies hat zur Folge, dass bei Frequenzen oberhalb von etwa 100 MHz in stark zunehmendem Maße Fehler durch verpasste Tunnelereignisse auftreten. In der Praxis bedeutet das eine Limitierung der erzielbaren maximalen Stromstärken auf etwa 10–20 pA.

5.3.5   Elektronenpumpen mit steuerbaren Barrieren

SETs auf Halbleiterbasis bestehen im Wesentlichen aus einem Quantendraht auf HEMT-Basis, der mit zusätzlichen Gateelektroden versehen wurde (Abb. 5.12). Die Potentialbarrieren, welche die Elektroneninsel definieren, werden bei diesem SET-Typ elektrostatisch durch zwei negativ geladene Gateelektroden erzeugt, die den Quantendraht kreuzen. Die Barrierenhöhen sind hier durch die Änderung der Gatespannungen variierbar. Die Elektroneninsel, die sich als Mulde in der Potentiallandschaft zwischen den beiden Barrieren ausbildet, bildet dann den Quantenpunkt.

Die Funktionsweise dieser SET-Pumpe ist in Abb. 5.12 gezeigt. Dabei wird die Höhe der linken Barriere mittels einer an die Gateelektrode angelegten Wechselspannung V_{G1} periodisch so moduliert, dass abwechselnd einzelne Elektronen von der linken Leiterseite kommend in dem dynamischen Quantenpunkt zwischen den Barrieren eingefangen und zur anderen Seite wieder ausgeworfen werden. Dieser Transportmechanismus involviert keine Tunnelprozesse durch hohe Potentialbarrieren, welche die Betriebsfrequenz f durch hohe parasitäre RC-Konstanten begrenzen würden. Daher kann eine SET-Pumpe mit steuerbaren Potentialbarrieren wesentlich höhere Stromstärken liefern als die zuvor beschriebene Pumpe auf $Al - Al_2O_3$-Basis. Frequenzen bis in den GHz-Bereich sind möglich, was gemäß $I = e \cdot f$ maximalen Stromstärken von mehr als 160 pA entspricht. Ein weiterer Vorteil dieses Pumpentyps ist, dass man nur eine Gateelektrode mit einer Wechselspannung betreiben

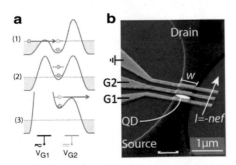

Abb. 5.12 a Transportzyklus durch den dynamischen Quantenpunkt in einer SET-Pumpe mit steuerbaren Potentialbarrieren, bei dem ein Elektron von links kommend zunächst eingefangen (1) und im Quantenpunkt isoliert wird (2), bevor es zur rechten Seite hin wieder ausgeworfen wird (3). Moduliert wird dabei nur die Höhe der linken Barriere. **b** Elektronenmikroskopische Aufnahme einer SET-Pumpe mit einem Quantenpunkt zwischen den Gateelektroden G1 und G2 (Zur Verfügung gestellt von Schumacher 2016)

muss. Dies erleichtert sowohl das Layout der Schaltung als auch den Pumpbetrieb. Wo Licht ist, ist meistens aber auch ein wenig Schatten: Die Elektronenpumpe auf Halbleiterbasis ist wegen der niedrigen Barrieren leider etwas anfällig für ein Problem namens co-tunneling, welches ebenfalls die Genauigkeit beschränkt. Abb. 5.13 zeigt das Problem. Eigentlich sollten die Elektronen geordnet durch eine Kette von Quantenpunkten laufen, stattdessen tunneln sie aber ungebeten geradeaus durch die ganze Kette von Punkten, oder sie schleichen sich per Leckstrom einfach vorbei. Um das co-tunneling klein zu halten, wird dann eine möglichst lange Kette von SETs verwendet.

5.3.6 SET-Präzisionspumpen

Zum täglichen, metrologischen Einsatz von SET-Pumpen als Stromnormal braucht es derzeit (2018) noch immer verlässliche Lösungen für zwei lästige Probleme:

- Die Stärke des erzeugten Stromes ist unfreundlich klein. Bislang verfügbare SET-Pumpen liefern nur typische Stromstärken im niedrigen pA-Bereich. Hier helfen Pumpen mit dynamischen Quantenpunkten auf Halbleiterbasis, die etwa zehnmal größere Stromstärken liefern als Pumpen auf der Basis von $Al\text{-}Al_2O_3$ Tunnelkontakten. Mit Pumpfrequenzen im GHz-Bereich lassen sich dann gemäß der Beziehung $I = e \cdot f$ Ströme im Bereich von 100pA erreichen.
- Das zweite Problem ist die Genauigkeit des erzeugten Stromes, welche für metrologische Zwecke noch ziemlich zu wünschen übrig lässt. Dieses Problem ist besonders lästig, denn beim Einzelelektronentransport in SET-Pumpen kommt es ganz generell immer zu statistischen Fehlerereignissen, welche irgendwie ausgetrickst werden müssen.

Schauen wir erst einmal, welche Genauigkeit wir überhaupt brauchen. Die klassische Definition des Ampere war ja gegeben durch zwei im Abstand von 1 m gespannte Wäscheleinen aus Draht, die sich bei einem Stromfluss von 1 Ampere mit einer Kraft von $2 \cdot 10^{-7}$N/m gegenseitig anziehen. Mit diversen Tricks (Spulen statt Wäscheleinen, Stromwaagen, etc. Hausaufgabe: Nachschauen, wie das funktioniert), sagt die Physikalisch-Technische Bundesanstalt (PTB), schafft man eine Genauigkeit von 10^{-7} und das sollte die Elektronenpumpe gefälligst auch erreichen. Genau das scheint so einfach aber nicht zu sein.

Der Grund dafür ist, dass es bei den auf dynamischen Quantenpunkten basierenden SET-Pumpen während der Ladephase von Elektronen in den Quantenpunkten

Abb. 5.13 Prinzip des co-tunneling. QP1, QP2 und QP3 sind die einzelnen Quantenpunkte

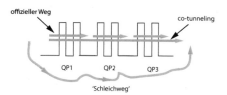

(Phase 1 in Abb. 5.12) gerne zu Fehlern kommt, weil beispielsweise ein Elektron wieder auf die Ausgangsseite zurückfällt, bevor es stabil im Quantenpunkt isoliert werden kann (Phase 2 in Abb. 5.12). Diese Fehlerereignisse treten völlig statistisch auf und müssen, um Aussagen über die erreichte Genauigkeit zuzulassen, bei der Stromerzeugung quantitativ berücksichtigt werden. Dies wiederum erfordert es, einzelne Fehlerereignisse in den SET-Schaltungen zu zählen. Dafür setzt man zusätzliche SET-Detektoren ein, welche die Ladung in den Quantenpunkten der Pumpe mit einer Auflösung unterhalb der Elementarladung messen und damit einzelne, falsch transportierte Elektronen nachweisen können.

Die Fehlerdetektion für SET-Pumpenschaltungen wurde in jüngster Zeit an der PTB erheblich weiterentwickelt. Der spezielle Trick dabei ist es, nicht jedes von den SET-Pumpen transferierte Elektron zu zählen, denn das würde bei hohen Pumpfrequenzen die limitierte Bandbreite der Detektoren ohnehin nicht erlauben. Vielmehr basiert die Methode darauf, nur die sehr viel seltener auftretenden Fehlerereignisse zu zählen. Dabei kommt eine Anordnung von mehreren SET-Pumpen in Reihenschaltung mit SET-Detektoren zum Einsatz, welche die Ladungszustände der Inseln zwischen jeweils zwei Pumpen detektieren. Ein Schema dieser Anordnung ist in Abb. 5.14a gezeigt. Beim kontinuierlichen Pumpbetrieb trete zum Zeitpunkt t_F ein durch Pumpe B verursachter Fehler auf. Dabei wird ein Elektron auf der Insel zwischen den Pumpen A und B zurückgelassen. Dies zeigt sich in den Signaturen der beiden SET-Detektoren a und b: Das Signal von Detektor a (oben links) zeigt nach

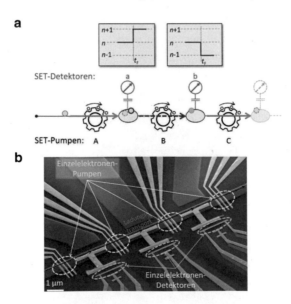

Abb. 5.14 **a** Reihenschaltung aus drei SET-Pumpen mit Möglichkeit zum Nachweis von SET-Pumpfehlern über SET-Detektoren, welche die Ladungszustände der Inseln zwischen jeweils zwei Pumpen detektieren. **b** Rasterelektronmikroskopisches Bild einer selbstreferenzierten Einzelelektronen-Stromquelle aus vier in Reihe geschalteten SET-Pumpen mit steuerbaren Potentialbarrieren und SET-Detektoren, welche die Ladungszustände der Inseln zwischen den SET-Pumpen überwachen (Zur Verfügung gestellt von Werner Schumacher 2016)

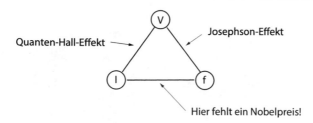

Abb. 5.15 Das sogenannte ‚Metrology Triangle' zeigt den Zusammenhang zwischen Strom und Spannung (Quanten-Hall-Effekt), zwischen Spannung und Frequenz (Josephson-Effekt) und zwischen Frequenz und Strom (Elektronenpumpen)

dem Fehlerereignis ein überschüssiges Elektron (roter Punkt) auf der ersten Insel an. Gleichzeitig registriert Detektor b, dass auf der nachfolgenden Insel nun ein Elektron fehlt (roter Kreis), da die korrekt funktionierende Pumpe C ein Elektron abtransportiert hat.

Mit diesem Verfahren können Pumpfehler gewissermaßen in situ während der Stromerzeugung erfasst und für eine Korrektur der gelieferten Stromstärke berücksichtigt werden. Laut Fricke et al. (2014) kann man bei hohen Frequenzen im GHz-Bereich mit so einer Pumpe (Abb. 5.12b) im Prinzip relative Genauigkeiten von 10^{-8} erreichen, und das ist sehr vielversprechend. Eine Bestätigung dieser Abschätzung steht derzeit (2018) aber noch aus.

5.3.7 Das Metrology Triangle

Zum Schluss des Kapitels noch eine nette kurze Geschichte zum Thema Quantenpunkte, nämlich das Metrology Triangle. Das Metrology Triangle beschreibt (Abb. 5.15) den Zusammenhang der Größen Strom, Spannung und Frequenz. Spannung und Frequenz hängen über den Josephson-Effekt zusammen, Spannung und Strom über den Quanten-Hall-Effekt und Strom und Frequenz über die Elektronenpumpe, die auch als Kapazitätsnormal genutzt werden kann. Der Josephson-Effekt und der Quanten-Hall-Effekt haben einen Nobelpreis bekommen, das Stromnormal hat noch keinen Nobelpreis, aber vielleicht kommt der ja noch.

5.4 Der Aharonov-Bohm-Effekt

Der Aharonov-Bohm-Effekt ist ein Interferenzeffekt mit Elektronen, dessen Schema in Abb. 5.16a dargestellt ist. Wie man sieht, ist das eine Erweiterung des Doppelspaltexperiments, bei dem eine Spule mit einem Magnetfeld hinter den Spalten angeordnet wird. Schaltet man die Spule ein, so ändert sich das Interferenzmuster der Elektronen. Der Gag dabei ist, dass das auch noch funktioniert, wenn das Magnetfeld in der Spule perfekt abgeschirmt ist, die Elektronen das Magnetfeld also gar nicht sehen können. Die Interpretation war dann die, dass die Elektronen nicht das Magnetfeld sehen, sondern das Vektorpotential $\vec{A}$ des Magnetfeldes. Das ist ziemlich erstaunlich, denn

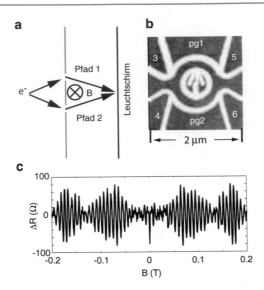

Abb. 5.16 a Prinzipieller Aufbau eines Aharanov-Bohm-Experiments. **b** Realisierung eines Aharanov-Bohm-Ringes auf einer HEMT Struktur. pg1 und pg2 sind die Plunger-Gates zur Steuerung der Elektronenkonzentration, die anderen Gateelektroden definieren die halbringförmigen Elektronenpfade. Was der komische Pfeil im Zentrum des Ringes sein soll, ist in der Originalliteratur leider nicht erwähnt. **c** Typische Daten zum Aharanov-Bohm-Effekt in einem nanostrukturierten Quantenring (Grbic et al. 2008)

das Vektorpotential $\vec{A}$ war bis dahin eigentlich nur ein mathematisches Konstrukt ohne physikalische Bedeutung. Später wurde dann die Aussage populär, dass die Elektronen den magnetischen Fluss sehen. Das ändert aber nichts am Problem, denn auch der ist abgeschirmt. Allerdings meinte dann ein Freund aus meiner Tanzschule (Franz Artner 2018) etwas später, dass das in jedem Ringkerntransformator auch nicht viel anders ist, und der funktioniert ja bekanntlich recht gut und zuverlässig. Vielleicht sollte ich doch mal mit jemandem reden, der sich mit Elektrodynamik auskennt, mein letzter Vorlesungsbesuch zu diesem Thema ist schon etwas länger her.

Wie immer kümmern wir uns jetzt nur um das allernötigste Minimalwissen zu diesem Thema, denn den Aharonov-Bohm-Effekt bekommt man auch in nanostrukturierten Quantenringen und noch dazu in Kombination mit Coulomb-Blockade-Effekten, wenn man unbedingt welche sehen will (Grbic et al. 2008). Zunächst einmal klären wir die Frage mit der Interferenz: Betrachtet man den Quantenring in Abb. 5.16b, so hat das Elektron die Möglichkeit, entweder den Weg über die obere oder die untere Ringhälfte zu nehmen. Was zählt, ist jetzt die Phase des Elektrons, denn jede Wellenfunktion Ψ kann immer geschrieben werden als $\Psi = \Psi_0 e^{j\Phi}$. Der Ausdruck $e^{j\Phi}$ ist ein Phasenfaktor, der aber nichts ändert und sich normalerweise wegkürzt. Unterscheidet sich jetzt die Phase im oberen und unteren Halbkreis, kommt es zu Interferenzen, den sogenannten Aharanov-Bohm-Oszillationen im Magnetowiderstand. Nach ein paar länglichen quantenmechanischen Herleitungen bekommt man für die Phase zu ($\vec{A}$ ist das Vektorpotential mit $\vec{B} = rot(\vec{A})$ für alle, die es evtl. vergessen haben sollten)

$$\Phi = \frac{e}{\hbar} \oint \vec{A} dr, \tag{5.25}$$

wobei das Integral entlang des Rings ausgeführt wird. Im Quantenring bekommt man für die beiden möglichen Pfade das Ergebnis

$$\Phi_{upper} = \frac{eBS}{2\hbar}, \Phi_{lower} = -\frac{eBS}{2\hbar}. \tag{5.26}$$

Die Phasendifferenz ist also $\frac{eBS}{\hbar}$, wobei S die Ringfläche ist. Verwendet wurde dabei der Satz von Stokes ($\vec{n}$ ist der Normalenvektor auf die Fläche dS):

$$\oint \vec{A} d\vec{r} = \int \int_S \left(rot\ \vec{A} \right) \vec{n} dS \tag{5.27}$$

Die Transmission durch den Ring kann man mit dem sogenannten Landauer-Büttiker-Formalismus hinschreiben als

$$t = t_0 e^{j\Phi}, \tag{5.28}$$

wobei t_0 die Transmission bei $B = 0$ ist. Der Absolutbetrag der Transmission ist dann

$$T = (t_{upper} + t_{lower}) \cdot (t_{upper} + t_{lower}) = 2t_0^2(1 + \cos(\frac{eBS}{\hbar} + \Phi_0). \tag{5.29}$$

Wie man in Abb. 5.16c sieht, oszilliert die Transmission mit dem Magnetfeld B, und mehr braucht der Elektrotechnik-Student hier nicht zu wissen.

Literatur

Arens C (2007) Kolloidale Nanokristalle in epitaktischen Halbleiterstrukturen, Dissertation, Universität Paderborn, Department Physik http://digital.ub.uni-paderborn.de/hsmig/content/titleinfo/4735

Artner F, ein Freund aus meinem Tanzclub (2018) Private Mitteilung: Wieso wundert Dich das, in jedem Ringkerntransformator hast Du die selbe Situation. Das Magnetfeld ist idealerweise komplett im Kern und die Sekundärspule sieht eigentlich kein freies Magnetfeld. (Anmerkung: Franz Artner programmiert hauptberuflich Bankomaten. Dass dieser Hinweis ausgerechnet von Ihm kam, und mir das früher nicht selber eingefallen ist, ist schon ein bisschen peinlich, wie ich etwas ungern zugebe.)

Bolotin KI, Kuemmeth F, Pasupathy AN, Ralph DC (2004) Metal-nanoparticle single-electron transistors fabricated using electromigration. Appl Phys Lett 84:3154. https://doi.org/10.1063/1.1695203

Boris G, Renaud L, Thomas T, Klaus E, Dirk R, Andreas WD (2008) Aharonov-Bohm oscillations in p-type GaAs quantum rings. Physica E 40(5):1273. https://doi.org/10.1016/j.physe.2007.08.129

Foxman EB (1993) Single electron charging and quantum effects in semiconductor nanostructures, Thesis, Massachusetts Institute of Physics (1993) https://dspace.mit.edu/handle/1721.1/72770

Ishikawa T, Kohmoto S, Asakawa K (1998) Site control of self-organized InAs dots on GaAs substrates by in situ electron-beam lithography and molecular-beam epitaxy. Appl Phys Lett 73:1712. https://doi.org/10.1063/1.122254

Kissel H, Müller U, Walther C, Masselink WT (2000) Size distribution in self-assembled InAs quantum dots on GaAs (001) for intermediate InAs coverage. Phys Rev B62(11):7213. https://doi.org/10.1103/PhysRevB.62.7213

Liljeborg A, Haviland D (2017) Albanova Nanofabrication Facility. KTH Royal Institute of Technology, Stockholm, Sweden. http://www.nanophys.kth.se/nanophys/facilities/nfl/sem-ebeam-results/results-set.html

Lukas F, Michael W, Bernd K, Frank H, Philipp M, Brigitte M, Ralf D, Thomas W, Klaus P, Uwe S, Schumacher HW (2014) Self-referenced single-electron quantized current source. Phys Rev Lett 112:22680. https://doi.org/10.1103/PhysRevLett.112.226803

Meirav U, Foxman EB (1996) Single electron phenomena in semiconductors. Semicond Sci Technol 11:255. http://iopscience.iop.org/article/10.1088/0268-1242/11/3/003/meta

Oliver B, Charles S, Matthew P, Yoshihisa Y (2000) Regulated and entangled photons from a single quantum dot. Phys Rev Lett 84:2513. https://doi.org/10.1103/PhysRevLett.84.2513

Scherer H, Siegner U (2016) Elektronen zählen, um Strom zu messen. PTB Mitteilungen, 126. Jahrgang, Heft 2, Juni 2016 https://oar.ptb.de/files/download/57d6a4b0a4949d547b3c986b

Schlamp MC, Xiaogang Peng, Alivisatosa AP (1997) Improved efficiencies in light emitting diodes made with CdSe(CdS) core/shell-type nanocrystals and a semiconducting polymer. J Appl Phys 82:5837. https://doi.org/10.1063/1.366452

Schumacher W (2016) Physikalisch-Technische Bundesanstalt, Bundesallee 100, 38116 Braunschweig, Deutschland (2016), Einzelelektronenpumpen für die Neudefinition der SI-Basiseinheit Ampere, Plenarvortrag auf der 18. GMAITG Fachtagung Sensoren und Messsysteme, Nürnberg, Germany

Simon J (2016) Vorwort der PTB Mitteilungen, 126. Jahrgang, Heft 2, 3

Steiner T (2004) Semiconductor Nanostructures for Optoelectronic Applications, Artech House Publishers. ISBN-13: 978-1580537513

Su B, Goldman VJ (1992) Single-electron tunneling in nanometer-scale double barrier heterostructure devices. Phys Rev B 12:7644. https://doi.org/10.1103/PhysRevB.46.7644

Weis KMD (2013) Intrinsische Quantenpunkte in InAs-Nanodrähten, Dissertation, RTWH Aachen. http://publications.rwth-aachen.de/record/229111/files/4954.pdf

Weis J, Klitzing Kv (2011) Metrology and microscopic picture of the integer quantum Hall effect. Phil Trans R Soc A 369:3954 https://doi.org/10.1098/rsta.2011.0198

Young-wook J, Yong-Min H, Jin-sil C, Jae-Hyun L, Ho-Taek S, Sungjun K, Sarah Y, Kyung-Sup K, Jeon-Soo S, Jin-Suck S, Jinwoo C (2005) Nanoscale size effect of magnetic nanocrystals and their utilization for cancer diagnosis via magnetic resonance imaging. J Am Chem Soc 127:5732. https://doi.org/10.1021/ja0422155

Quantencomputer und Co

6

Inhaltsverzeichnis

6.1   Zelluläre Quantenautomaten

Quantencomputer sind dieser Tage natürlich immer und überall sehr beliebt, allerdings sollte man sich dringend fragen, warum eigentlich. Klassische Computer und klassische binäre Logik haben einen großen Vorteil: Kommt ein Eingangssignal daher, beschließt zuerst einmal eine Schmitt-Trigger-Schaltung, ob dieses Signal null oder eins ist. Am Ausgang der Schaltung wird das resultierende Signal per Definition auf null oder eins gesetzt. Eine millionenfache Weiterverarbeitung des Signals ist also kein Problem. Ein Quantencomputer ist hingegen ein Analogrechner. Ein idealerweise wenig verrauschtes Signal wird mit anderen verrauschten Signalen weiterverarbeitet, und das Rauschen wird dabei bestimmt nicht kleiner. Spätestens nach 100 Rechenoperationen hat man also Quantenrauschen mit Quantenrauschen zu noch größerem Quantenrauschen verarbeitet, und das ist schon ein ziemlicher Vollrausch, würde ich sagen. Sie sehen schon, ich mag keine analogen Quantencomputer. Mit digitalen Quantencomputern sieht alles etwas besser aus, weil hier gibt es zumindest ein nettes Konzept, und das sind die quantum cellular automata. Die Ideen hierfür, und auch die folgenden Abbildungen, stammen von folgenden Leuten: Craig S. Lent, Douglas Tougaw, Wolfgang Porod, Gary H. Bernstein und natürlich auch von dem mir besonders hochgeschätzten Gregory Snider, alle vom Department of Electrical Engineering, University of Notre Dame, IN46556, USA.

Zelluläre Automaten sind an sich ein alter Hut, das klassische Beispiel dafür ist das game of life, nachzulesen auf Wikipedia, sogar mit animierten Bildern. Relativ neu (1993) hingegen ist die Kombination dieses Prinzips mit den Prinzipien der Quantenmechanik, im Besonderen mit Quantenpunkten. Wir beschränken uns hier auf schematische, geometrische Betrachtungen, die quantenmechanische Behandlung ist eher sehr komplex. Wie in Abb. 6.1 ersichtlich, erinnert das Grundelement eines zellulären Quantenautomaten an einen Dominostein. Man sperrt zwei Elektronen in eine quadratische Box, bestehend aus vier Quantenpunkten. Da sich die Elektronen voneinander abstoßen, hat man zwei Möglichkeiten; die Box zu besetzen, die eine nennen wir binary 0 und die andere binary 1. Wie sich gezeigt hat, ist es von Vorteil, noch einen Quantenpunkt in der Mitte zu haben, da die Elektronen über diesen leichter die Plätze tauschen können.

Das Umschalten von binary 0 in binary 1 wird mit einer externen Gatespannung erledigt, wie es in Abb. 6.1 schematisch eingezeichnet ist. Die Eleganz der quantum cellular automata liegt jetzt darin, dass man komplexe Logikfunktionen durch eine rein geometrische Anordnung der einzelnen Qubits erreichen kann. Das einfachste Beispiel dafür ist ein Inverter, wie er in Abb. 6.2 dargestellt ist. Die nächste, etwas komplexere Struktur stellt ein Majority-Gate dar (Abb. 6.3a), welche den Vorteil hat, dass sie auch in einer programmierbaren Version existiert (Abb. 6.3b), und von einem Majority-Gate in ein OR-Gate umgeschaltet werden kann. Die zugehörige Wahrheitstabelle ist in 6.3c dargestellt. Nachdem das Prinzip nun begriffen ist, kann

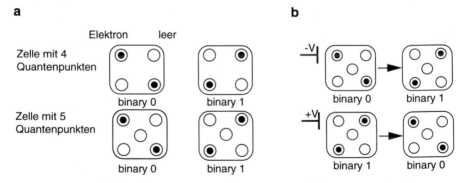

Abb. 6.1 **a** Schemazeichnung von 4-Dot und 5-Dot Qubits auf der Basis von Quantenpunkten. **b** Schematische Darstellung der Umschaltvorgänge in einem Qubit mit fünf Quantenpunkten, welche durch eine externe Spannung induziert werden

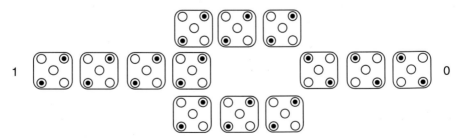

Abb. 6.2 Geometrische Anordnung von Qubits für einen zuverlässigen Inverter, daher auch die scheinbar unnötigen zusätzlichen Qubits in dieser Struktur (Snider et al. 1999, Tougaw und Lent 1994)

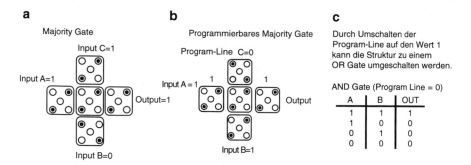

Abb. 6.3 a Geometrische Anordnung von Qubits für ein Majority-Gate. **b** Programmierbares Majority-Gate. **c** Zugehörige Wahrheitstabelle (Snider et al. 1999)

- AND-, OR-, NAND- und andere Gates können aus NOT- und MAJORITY-Gates aufgebaut werden.

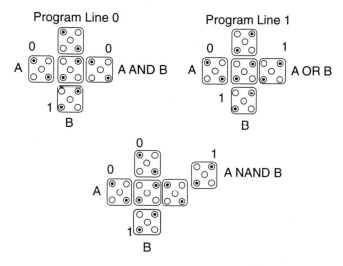

Abb. 6.4 Geometrische Anordnung von Qubits für ein AND-, OR- und NAND-Gatter (Snider et al. 1999, Tougaw und Lent 1994)

man munter weitermachen und alles Mögliche realisieren, wie z. B. AND, OR und NAND Gatter (Abb. 6.4), oder gleich ganze Addierer (Abb. 6.5).

Da das alles so super und einfach aussieht, stellen wir uns jetzt die Frage, warum wir nicht schon lange einen günstigen Laptop mit einem windowskompatiblen, sagen wir, zumindest 16-Qubit-Parallel-Quantenprozessor, kaufen können. Wer 64 Qubit will, muss dann eben einen kleinen Aufpreis zahlen. Technisch sollte das ja kein Problem sein. Zwar läuft hier auch vieles über Coulomb-Blockade-Effekte und man braucht daher kleine Strukturen, aber Prototypen von Transistoren mit Gatelängen von 8nm habe ich schon vor Jahren bei Infineon gesehen. Wo ist also das Problem? Im elektronemikroskopischen Bild einer Zelle mit vier Quantenpunkten (Abb. 6.6a) sieht man es nicht, aber im zugehörigen Schaltbild hingegen schon: Wir zöhlen ab

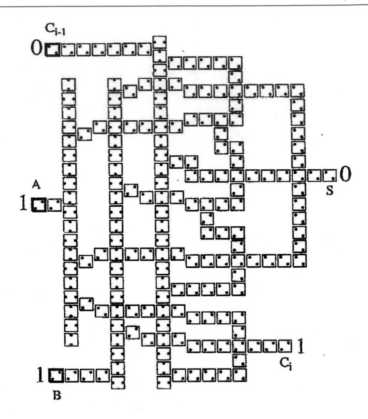

Abb. 6.5 Geometrische Anordnung von Qubits für einen 1-Bit Addierer (Tougaw und Lent 1994)

a   b

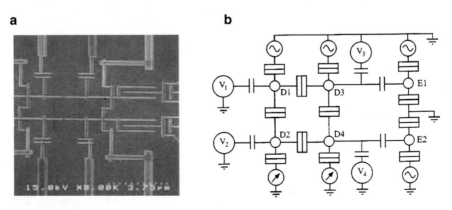

Abb. 6.6 **a** Rasterelektronenmikroskopische Abb. und Schema einer Zelle bestehend aus vier Quantenpunkten. **b** Zugehöriges Schaltbild. Wie man sieht, werden zum Betrieb der Struktur 10 hochgenaue Spannungsquellen benätigt. (**a** Amlani et al. 2000, **b** Snider et al. 1999)

und stellen mit Erstaunen fest, dass vier Quantenpunkte von zehn, und noch dazu bitteschän hochgenauen, Spannungsquellen versorgt werden wollen. Hochgerechnet auf den (1bit!) Addierer im Abb. 6.5 und dann noch multipliziert mal 16 für eine 16-Qubit Logik sind das dann ziemlich viele Spannungsquellen. Weiter hochskaliert auf eine Schaltung der Komplexität eines modernen 64-Bit Prozessors kommt man dann in Dimensionen, wo zwar der zelluläre Quantenprozessor noch auf einem üblichem Chip Platz findet, die zugehörige Spannungsversorgung aber die Größe eines Fußballfeldes oder mehr benötigt. Und noch dazu hat man die Schwierigkeit, die vielen Versorgungsleitungen auf den Chip des zellulären Quantenprozessors zu bekommen. Sie sehen, die paar Zusatzprobleme mit der Kühlung, welche sich mit ein paar Litern flüssigen Heliums lösen lassen würden, sind für die Realisierung eines zellulären Quantenprozessors dieses Mal nicht wirklich der limitierende Faktor.

6.2 Quantencomputer: Braucht man die überhaupt?

Die zellulären Quantenautomaten mit Quantenpunkten sind ja ganz nett, und deren Prinzipien lassen sich sogar auf anderen Systemen anwenden, das Stichwort ist Magnetologic (Hausaufgabe: selber recherchieren). Was ist jetzt aber mit den richtigen Quantencomputern und ihren legendären Eigenschaften? Wo kann man die einsetzen, und wozu sind die gut? Die ehrlichste Antwort ist wohl: Zum Herumspielen, also für irgendein Counter-Quantumstrike und ähnliche Lustbarkeiten. So sehr ich den lieben Kollegen den Spaß gönne, extra viel Geld wird das Ministerium dafür wohl freiwillig nicht herausrücken. Um dennoch Forschungsgelder zu bekommen, ist das Marketing der Quantencomputer-Szene etwas anders, und es wird allgemein behauptet, man brauche die Quantencomputer, um die RSA-verschlüsselten Nachrichten des üblichen Schurkenpacks (also die unserer Mitbürger) zu knacken, und hier wird die Argumentation etwas unehrlich. Es ist zwar richtig, dass weltweit fast alles mit dem RSA-Verfahren verschlüsselt wird, und es ist auch richtig, dass man diese Verschlüsselung mit einem Quantencomputer in ferner Zukunft vermutlich effizient knacken kann. Allerdings hilft das nichts, denn es gibt inzwischen weit verbreitete Verschlüsselungsverfahren, die auch mit freundlicher Hilfe von angemieteten klingonischen Quantencomputern aus dem Startrek-Universum nicht zu brechen sind. Bereits das AES (Advanced Encryption System), zu finden bei Ihren WiFi-Verschlüsselungen am Laptop und im WLAN-Router, ist mit Quantencomputern nicht zu beeindrucken, besonders, wenn man die Schlüssellänge noch etwas erhöht. Na gut, dann nimmt man eben einen größeren und teureren Quantencomputer, dann wieder einen längeren Schlüssel etc., das wäre für Physiker und Elektrotechniker ja wohl ein recht sportlicher Wettkampf.

Leider, leider halten andere Leute solche Spielchen ganz und gar nicht für sportlich, sondern eher für ziemlich ärgerlich, denn solche Großprojekte reduzieren die Forschungsmittel auf anderen Gebieten erheblich. Besonders die Mathematiker haben den Quantencomputern den Kampf angesagt und ein neues Forschungsgebiet eröffnet, nämlich die post quantum cryptography. Um herauszufinden, ob das relevant ist, fragen wir Google heute am 14.04.2018 und erhalten ungefähr 455 000

Suchergebnisse in 0.27 s für die post quantum cryptography. Die Suche nach quantum computing lieferte 39 900 000 Ergebnisse in 0.32 s. Schauen wir uns nun einmal zwei Abstracts aus dem Feld der post quantum cryptography an:

- International Journal of Security and Its Applications, Vol. 5, No. 4 (2011)
  Recent progress in code-based cryptography
  Pierre-Louis Cayrel, Sidi Mohamed El Yousfi Alaoui, Gerhard Hoffmann, Mohammed Meziani and Robert Niebuhr, CASED – Center for Advanced Security Research Darmstadt, Mornewegstrasse, 32, 64293 Darmstadt, Germany
  Abstract:
  The last three years have witnessed tremendous progress in the understanding of code-based cryptography. One of its most promising applications is the design of cryptographic schemes with exceptionally strong security guarantees and other desirable properties. In contrast to number-theoretic problems typically used in cryptography, the underlying problems have so far resisted subexponential time attacks as well as quantum algorithms. This paper will survey the more recent developments.
- Code-Based Cryptography
  Tanja Lange, Technische Universiteit Eindhoven
  Abstract:
  Code-based cryptography is one of the candidates for post-quantum cryptography, i.e., cryptography that survives attacks by quantum computers (see www.pqcrypto.org.

Das klingt alles ziemlich selbstbewusst und wohlbegründet, und wir müssen also akzeptieren, dass die übliche Quantencomputer-Kryptographiepropaganda zwar gut klingt, aber einfach nicht wirklich richtig ist (Fake News, sagt man dazu wohl heutzutage). Damit Sie bei Biertischdiskussionen auch zu diesem Thema mitreden können, gönnen wir uns also zum Schluss des Buches noch einen kurzen Ausflug in die Welt der Kryptographie. Der Anfang aller Quantencomputer-Euphorie ist der Shor-Algorithmus mit dem man auf einem ordentlichen Quantencomputer die RSA-Verschlüsselung recht effizient knacken könnte. Kümmern wir uns also als Erstes um die RSA-Verschlüsselung mit Hilfe massiver Plagiate aus Wikipedia.

6.2.1 Das RSA-Kryptosystem

Um zu verstehen, warum der RSA-Algorithmus (RSA nach den drei Mathematikern Rivest, Shamir und Adleman am MIT) ein gutes Verschlüsselungssystem ist, braucht es wieder eine eigene Vorlesung. Kümmern wir uns also nicht um das Warum, sondern um das Wie, und das wie immer auf Biertischniveau.

Erzeugung des öffentlichen und privaten RSA Schlüssels
Das RSA-Verfahren ist extrem praktisch, weil:

- Jeder, auch die feindlichen Schurken, können gerne wissen wie es funktioniert.
- Der Schlüssel ist ein Schlüsselpaar, bestehend aus einem öffentlichen Schlüssel (public key) und einem privaten Schlüssel (private key).
- Den öffentlichen Schlüssel kann man freigiebig auf Facebook verteilen. Damit kann jeder an den Empfänger verschlüsselte Nachrichten schicken, nur entschlüsseln geht nicht, dazu braucht es den privaten Schlüssel. Im Gegenzug dazu verteilt der Kommunikationspartner seinen öffentlichen Schlüssel genauso freigiebig.
- Die Ver- und Entschlüsselung sind schnell.
- Das Knacken des Gesamtschlüssels (ohne Quantencomputer) ist vor dem Lebensende des Universums offiziell unmöglich.

Diese Situation ist zum Beispiel auf einem U-Boot praktisch: Auftauchen, den neuesten öffentlichen Schlüssel der Vorgesetzten von Facebook runterladen, den Text: ‚Was ist jetzt, können wir endlich heim, der Proviant und das Bier gehen uns aus!' verschlüsseln und abschicken. Dann kann man noch schnell selber einen neuen öffentlichen Schlüssel für das U-Boot erzeugen, bei Facebook hochladen und wieder abtauchen. Am nächsten Tag auftauchen und die neuen Befehle runterladen, fertig.

Wie macht man jetzt diese Schlüssel? Der äffentliche Schlüssel ist ein Zahlenpaar (e, N), und der private Schlüssel ist ebenfalls ein Zahlenpaar (d, N), wobei N bei beiden Schlüsseln gleich ist. Man nennt N den RSA-Modul, e den Verschlüsselungsexponenten und d den Entschlüsselungsexponenten. Diese Zahlen werden durch das folgende Verfahren erzeugt:

- Man wählt zufällig und stochastisch unabhängig zwei große(!) Primzahlen $p \neq q$. Diese sollen die gleiche Gräßenordnung haben, aber nicht zu dicht beieinanderliegen, so dass der folgende Rahmen ungefähr eingehalten wird: $|\log_2(p) - \log_2(q)| \leq 30$ (nicht fragen, warum). In der Praxis erzeugt man dazu zwei Zahlen der gewünschten Länge und führt mit diesen anschließend einen Primzahlentest durch, bis man zwei Primzahlen gefunden hat. Angeblich geht das halbwegs schnell.
- Man berechnet den sogenannten RSA-Modul $N = p \cdot q$.
- Man berechnet die Eulersche Φ-Funktion von N: $\Phi(N) = (p-1)(q-1)$.
- Man wählt eine zu Φ teilerfremde Zahl e für die gilt $1 \leq e \leq \Phi(N)$.
- Man berechnet den Entschlüsselungsexponenten d als multiplikatives Inverses von e bezüglich des Moduls $\Phi(N)$, zu Deutsch, die Läsung der Funktion $ed + k\Phi(N) = 1 = ggT(e, \Phi(N))$ mit dem ‚erweiterten Eulerschen Algorithmus' (siehe Wikipedia). Angeblich geht auch das halbwegs schnell. Vorsicht: $ggT(e, \Phi(N))$ ist nicht nur ein normaler größter gemeinsamer Teiler, sondern auch eine verallgemeinerte Version davon, die eben genau diese Gleichung erfüllt.
- Als Resultat davon gilt die folgende Kongruenz: $e \cdot d \pmod{\Phi(N)} = 1$, d.h. $e/\Phi(N)$ und $d/\Phi(N)$ liefern den selben Rest. Die Zahlen p, q und $\Phi(N)$ werden jetzt nicht mehr benätigt und können nach der Schlüsselerstellung geläscht werden. Es ist jedoch relativ einfach, diese Werte aus e, d und N zu rekonstruieren. Aus Effizienzgründen wird e klein gewählt, üblich ist die 5. Fermat-Zahl $2^{16} + 1 = 65537$. Kleinere Werte von e können zu Angriffsmöglichkeiten führen.

Bei Wahl eines d mit weniger als einem Viertel der Bits des RSA-Moduls, z. B., kann d, sofern nicht bestimmte Zusatzbedingungen erfüllt sind, mit einem auf Kettenbrüchen aufbauenden Verfahren effizient ermittelt werden.

Ein Beispiel zur Schlüsselerstellung:

- Wir wählen $p = 11$ und $q = 13$ für die beiden Primzahlen.
- Der RSA-Modul ist $N = pq = 143$
- Die Eulersche $\Phi(N)$ -Funktion nimmt damit den Wert $\Phi(N) = \Phi(143) = (p-1)(q-1) = 120$ an.
- Die Zahl e muss zu 120 teilerfremd sein. Wir wählen $e = 23$. Damit bilden $e = 23$ und $N = 143$ den öffentlichen Schlüssel.
- Berechnung der Inversen zu e bezüglich mod $(\varphi(N))$.
- Es gilt $ed + k\Phi(N) = 1$ bzw. im konkreten Beispiel $d \cdot 23 + k \cdot 120 = 1$. Mit dem erweiterten euklidischen Algorithmus berechnet man nun die Faktoren $d = 47$ und $k = -9$, so dass die Gleichung aus dem Beispiel wie folgt aussieht: $47 \cdot 23 - 9 \cdot 120 = 1$. d ist der geheime Entschlüsselungsexponent, während k nicht weiter benötigt wird.

RSA-Verschlüsselung und -Entschlüsselung

- Verschlüsseln von Nachrichten: Um eine Nachricht m (message) zu verschlüsseln, verwendet der Absender die Formel $c = m^e \pmod{N}$ und erhält so aus der Nachricht m den Geheimtext c (c für cyphertext). Die Zahl m muss dabei kleiner sein als der RSA-Modul N
  Beispiel: Es soll die Zahl 7 verschlüsselt werden. Der Sender benutzt den veröffentlichten Schlüssel des Empfängers $N = 143, e = 23$ und berechnet $7^{23} \pmod{143} = 2$. Das Chiffrat ist also $c = 2$.
- Entschlüsseln von Nachrichten Der Geheimtext c kann durch modulares Exponenzieren wieder zum Klartext m entschlüsselt werden. Der Empfänger benutzt die Formel $m = c^d \pmod{N}$ mit dem nur ihm bekannten Werten d sowie N.
  Beispiel: Für gegebenes $c = 2$ wird $2^{47} \pmod{143} = 7$ berechnet. Der Klartext ist also $m = 7$.
  Wie kann das Verfahren geknackt werden? Der Verschlüsselungstrick beruht darauf, dass keine effiziente Umkehrung der Eulerschen-Φ-Funktion existiert. Sollte jedoch N faktorisiert werden können, so lässt sich auch leicht $\Phi(N)$ finden: $N = p \cdot q$, $\Phi(N) = (p-1)(q-1)$. Nach der Faktorisierung zerfällt N in genau zwei Primfaktoren. Nun lassen sich auch einfach die drei Zahlen aus der Beziehung $ed + k\Phi(N) = 1$ bestimmen, und der Code ist erfolgreich geknackt.

Leider ist die Primfaktorzerlegung großer Zahlen extrem zeitraubend und damit in der Praxis einfach nicht zu machen, außer man hat einen Quantencomputer und noch viel wichtiger, zusätzlich den Shor-Algorithmus.

6.2.2 Der Shor-Algorithmus

Nochmals, der Quantencomputer alleine nützt nichts, es braucht den Quantencomputer und den Shor-Algorithmus. Um dieses zu verstehen, braucht es erst einmal eine kleine Formelsammlung aus der Zahlentheorie. Sei $N = p \cdot q$ das N aus dem RSA-Kryptosystem und x irgendeine beliebige ganze Zahl, für welche die Beziehung

$$x^2 (\mathrm{mod}\, N) = 1 \qquad (6.1)$$

gelten soll. Dann gilt auch.

$$\left(x^2 - 1\right)\ (\mathrm{mod}\, N) = 0. \qquad (6.2)$$

Man erinnert sich an die binomischen Sätze und erhält

$$(x + 1)(x - 1)\ (\mathrm{mod}\, N) = 0. \qquad (6.3)$$

Jetzt sagen wir einfach, dass auch

$$N = p \cdot q = (x + 1)(x - 1)\ (\mathrm{mod}\, N) = 0 \qquad (6.4)$$

gelten soll. Dieses x werden wir gleich suchen gehen, zuvor schauen wir aber nochmals kurz auf die Verschlüsselungsfunktion des RSA-Verfahrens. e war der öffentliche Schlüssel, und m (message) der geheime Text, den wir verschlüsseln wollen. Die Verschlüsselungsfunktion lautet damit

$$f_{m,N}(e) = m^e (\mathrm{mod}\, N). \qquad (6.5)$$

Diese Modulo-Funktionen haben immer eine Periode (Abb. 6.7), die wir jetzt suchen wollen:

$$f_{m,N}(e + r) = m^{e+r} (\mathrm{mod}\, N) \qquad (6.6)$$

$$f_{m,N}(e + r) \overset{!}{=} f_{m,N}(e) = m^e (\mathrm{mod}\, N) \qquad (6.7)$$

Also muss die Gleichung

$$m^r (\mathrm{mod}\, N) = 1 \qquad (6.8)$$

gelten. Jetzt kommen die Formeln von oben und dieses x ins Spiel. Wir definieren

$$x = m^{r/2}, \qquad (6.9)$$

also gilt

$$x^2 (\mathrm{mod}\, N) = 1. \qquad (6.10)$$

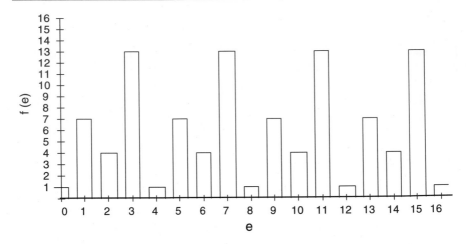

Abb. 6.7 Der Funktionsgraph von $f(e) = m^e mod(N)$ mit den Werten $N = 15$ und $m = 7$. (Zoppke und Paul 2002)

Mit der binomischen Zerlegung von oben bekommen wir (der ggT ist hier zur Abwechslung mal ein normaler größter gemeinsamer Teiler)

$$ggT\left(N, m^{r/2} - 1\right) = p \tag{6.11}$$

und

$$ggT\left(N, m^{r/2} + 1\right) = q. \tag{6.12}$$

Jetzt muss man nur noch mit dem erweiterten Euler-Algorithmus in vernünftiger Zeit p und q bestimmen, und wir sind fertig. Zum besseren Verständnis hier ein Beispiel mit konkreten Zahlen:

$$\begin{aligned}
&m = 7, \ N = 15 \\
&Periode \ r = 4 \\
&m^{r/2} = 7^{4/2} = 7^2 = 49 \\
&ggT\,(15, 49 - 1) = p = 5 \\
&ggT\,(15, 49 + 1) = q = 3
\end{aligned} \tag{6.13}$$

Das Problem ist nur: Wie bestimme ich diese Periode r? Hier kommt jetzt der Quantencomputer ins Spiel. Die Periode einer Funktion zu bestimmen schreit nach einer Fourier-Transformation, genauer gesagt nach einer FFT. Für große Zahlen ist das mit klassischen Computern unrealistisch, aber mit Quantencomputern scheint das überhaupt kein Problem zu sein und sozusagen instantan zu funktionieren. Das Stichwort ist Quanten-Fouriertransformation, die Quantenversion der FFT. Verstehen tue ich das nicht so wirklich bis überhaupt nicht, aber glauben wir einmal, dass es funktioniert. Behauptet wird jedenfalls, dass der RSA-Algorithmus für einen 128-Bit langen Schlüssel mit einem 128-Bit Quantencomputer in vernünftiger Zeit knackbar ist, und so absolut unrealistisch scheint das nicht zu sein. Experimentelle Details für einen funktionierenden 7-bit Quantencomputer finden sich bei Vandersypen et al. 2001.

Das ist zwar alles extrem schön, aber dennoch für Krypto-Anwendungen nicht wirklich hilfreich, denn es gibt inzwischen einige quantenimmune Verschlüsselungsverfahren, die offenbar bereits in jedem billigen WiFi-Router zum Standard geworden sind. Das älteste, aber auch noch immer robusteste Quanten-immune, Verfahren ist das Mc Eliece-Kryptosystem.

6.2.3 Das Mc Eliece-Kryptosystem

Das McEliece-Kryptosystem wurde 1978 vom Kryptographen Robert J. Mc Eliece vorgestellt. Das Verfahren wurde bisher nur selten praktisch eingesetzt, da die Schlüssel große Matrizen sind. Die Beschreibung eines Schlüssels mit einem Sicherheitsniveau von 128-Bit benätigt in der Größenordnung von 1 MB, über tausendmal mehr als vergleichbare RSA-Schlüssel. Inzwischen sind jedoch Methoden entwickelt worden, die den Schlüssel bei gleicher Sicherheit um einen Faktor 10 verkleinern, und außerdem ist die Rechenleistung der Prozessoren und die verfügbare Speichermenge seit 1978 enorm angestiegen. Die Verschlüsselung und Entschlüsselung sollten also kein Problem mehr darstellen, da der Algorithmus ohnehin sehr schnell ist und der benötigte Speicherplatz inzwischen fast nichts mehr kostet. Nach wie vor gilt aber: selbst auf gestohlenen, klingonischen Quantencomputern ist kein effizienter Algorithmus zu finden, der das Mc Eliece-Kryptosystem brechen kann. Dies macht das Mc Eliece Kryptosystem zu einem der vielversprechendsten Kandidaten für die Post-Quanten-Kryptographie.

Schlüsselerzeugung
Ehe wir uns an die Schlüsselerzeugung machen, muss man wissen, zu was ein binärer Goppa-Code oder ein Hamming-Code gut ist. Beide sind fehlerkorrigierende Codes, die nach dem Prinzip arbeiten: Codierter Datenvektor = Generatormatrix multipliziert mit dem Originaldatenvektor. Das ist bei der Signalübertragung über große Distanzen, im Weltraum oder auf der Erde in irgendwelchen unwegsamen Alpentälern, nützlich, da sich bei der Übertragung von Signalen gerne Bitfehler einschleichen. Der codierte Datenvektor, welcher länger ist als der Originaldatenvektor, enthält dann genug Zusatzinformationen, um selbst wenn Fehler in der Datenübertragung auftreten, die korrekte Information bei der Dekodierung wieder herzustellen. Der Hamming-Code wurde angeblich nur deshalb entwickelt, weil irgendwelche Lochkartenleser besonders am Wochenende gerne besonders unzuverlässig waren, und den Herrn Hamming gründlichst genervt haben. Der Goppa Code kommt von der NASA, war für Weltraumkommunikation gedacht. Dieser Code ist offenbar moderner, effizienter, und in Summe besser als der Hamming-Code. Wichtig: Alle diese Codes arbeiten nur mit binären Zahlen. Wer Text codieren will, muss diesen erst in einen binären Zahlencode umwandeln, z. B. in ASCII. Zurück zur Schlüsselerzeugung: Die Erzeugung des öffentlichen und des privaten Schlüssels funktioniert wie folgt:

- Man wählt einen (n, k, t) binären Goppa-Code mit Generatormatrix G. Ein Hamming-Code tuts zur Not auch. t ist das Hamming-Gewicht eines künstlich eingeführten Fehlervektors; Details siehe unten.
- Des Weiteren wählt man eine invertierbare Matrix $S \in \{0, 1\}^{k \times k}$ und eine Permutationsmatrix $P \in \{0, 1\}^{n \times n}$.
- Man definiert $G = SGP$. Der öffentliche Schlüssel besteht aus G, der private aus (S, G, P). Die empfohlenen Parameterwerte lagen ursprünglich zwischen $(n, k, t) = (1702, 1219, 45)$. Seit dem Jahr 2013 nimmt man aber den Bereich von $(n, k, t) = (2804, 2048, 66)$ für eine garantierte Sicherheit bis zum Jahr 2050.

Mc Eliece Ver- und -Entschlüsselung
Um eine Nachricht (m steht für message) $m \in \{0, 1\}^k$ zu verschlüsseln (zu Deutsch: ein binärer Vektor der Länge k), verfährt man wie folgt:

- Man wählt einen zufällig generierten Fehlervektor $z \in \{0, 1\}^k$ mit Hamming-Gewicht t, d. h., genau t Koordinaten von z sind 1 und alle anderen sind 0.
- Man berechnet den Schlüsseltext als $c = mG + z$. Genau das ist jetzt der Trick an der Sache: Auch wenn die klingonischen Super-Quantencomputer die Permutationsmatrix P knacken könnten, werden sie immer nur digitalen Müll erhalten und niemals wissen, welche die richtige Permutationsmatrix war, denn diese ist ja noch mit den künstlichen Fehlern verseucht und damit perfekt getarnt.

Um einen Schlüsseltext c zu entschlüsseln, verfährt man folgendermaßen:

- Man berechnet den Vektor $c' = cP^{-1}$
- Mittels der fehlerkorrigierenden Eigenschaften des verwendeten Goppa-Codes (oder der einfacheren Hamming Codes) berechnet man weiters das zu c' nächstgelegene Codewort c''. Letztlich berechnet man die Nachricht m als $m = c''S^{-1}$. Ob das jetzt so alles wirklich stimmt, bin ich mir nicht absolut sicher. Ich bitte also höflichst um Feedback.

Das war es dann wohl vorläufig mit den Quantencomputern für Entschlüsselungszwecke, hoffen wir also auf ein ordentliches Counter-Quantumstrike zum zocken, denn sonst wird das wohl nichts mit den Quantencomputern im Alltagseinsatz.

Neueste Entwicklungen
Zur Einleitung ein kleines Plagiat von www.heise.de/. Im Jahr 2011 brachte das kanadische Unternehmen D-Wave Systems einen sogenannten Quantencomputer auf den Markt: den D-Wave One mit 128 Qubits.' Das hat natürlich einen Hype generiert. Ein kommerziell erhältlicher Quantencomputer mit 128 Qubits, wow, cool. Das war aber nur ein Werbegag. In Wahrheit war das gar kein Quantencomputer, sondern nur ,quantum annealer', weil auf der D-Wave Maschine der Shor Algorithmus nicht läuft. Inzwischen hat selbst D-Wave zugegeben, dass dem so ist. Dennoch

sind die Dinger praktisch, weil sie sich für Optimierungsprobleme eignen. Details bitte bei Wikipedia nachlesen. Volkswagen z. B. arbeitet gemeinsam mit D-Wave an einem Projekt darüber, wie man den Verkehrsfluss in Peking optimieren kann. Das ist alles ökologisch, würdig und recht, und es ist auch gut gegen den Klimawandel. Ein Preprint der ersten Ergebnisse findet sich hier: https://arxiv.org/abs/1708.01625. Allerdings sind auch diese Aktivitäten nicht ganz unumstritten, und es scheint Leute zu geben, die sagen, dass das mit einem herkömmlichen Computer viel billiger und auch nicht langsamer geht.

Letzte offene Frage: Gibt es jetzt irgendwelche echten Quantencomputer, und wo stehen die? Antwort: In Almaden bei IBM. Kollege Vandersypen et al. 2001 hat mit NMR Methoden ein Designermolekül dazu gebracht, die Zahl 15 in $3 \cdot 5$ zu zerlegen. Dieses Experiment war aber nicht gerade handlich: Schwierig herzustellende Designermoleküle, Mikrowellen, Magnetfelder, und extrem tiefe Temperaturen führten dazu, dass dieses Experiment eher laborfüllend und ziemlich teuer war.

Inzwischen schreiben wir das Jahr 2020, und es gab technischen Fortschritt, bei dem offenbar IBM noch immer die Nase vorn hat. Die Designermoleküle wurden durch Supraleiter ersetzt, und Magnetfelder braucht es auch nicht mehr. Geblieben sind aber die extrem tiefen Temperaturen (15 mK) und die Mikrowellen. Aber dennoch, IBM sagt, siehe

https://www.technologyreview.com/s/609451/ibm-raises-the-bar-with-a-50-Qubit-quantum-computer/

sie hätten einen 20-Qbit Quantencomputer zur allgemeinen Verfügung und einen 50-Qbit Quantencomputer in Entwicklung. Die ganze Angelegenheit mit den Quantencomputern bleibt also spannend. Aber niemals vergessen, dass derzeit (2020) noch immer gilt: Ohne den richtigen Quanten-Algorithmus für einen speziellen Zweck, wie z. B. zur Berechnung von Molekülzuständen (Kandala 2017), ist der Quantencomputer rein gar nichts wert.

Literatur

Amlani I, Orlov AO, Kummamuru RK, Bernstein GH, Lent CS, Snider GL (2000) Experimental demonstration of a leadless quantum-dot cellular automata cell. Appl Phys Lett 77(5):738. https://doi.org/10.1063/1.127103

Douglas TP, Lent CS (1994) Logical devices implemented using quantum cellular automata. J Appl Phys 75:1818. https://doi.org/10.1063/1.356375

Kandala A, Mezzacapo A, Temme K et al (2017) Hardware-efficient variational quantum eigensolver for small molecules and quantum magnets. Nature 549:242. https://doi.org/10.1038/nature23879

Lieven MKV, Matthias S, Gregory B, Costantino SY, Mark HS, Isaac LC (2001), Experimental realization of Shor's quantum factoring algorithm using nuclear magnetic resonance. Nature 414:883. https://doi.org/10.1038/414883a

Snider GL, Orlov AO, Amlani IA, Zuo X, Bernstein GH, Lent CS, Merz JL, Porod W (1999) Quantum-dot cellular automata: review and recent experiments. J Appl Phys 85:4283. https://doi.org/10.1063/1.370344

Zoppke T, Paul C (2002) Algorithmen für Quantencomputer. Seminarvortrag in der Gruppe von Prof, Helmut Alt, FU-Berlin

Ein kurzes Nachwort

Am Ende der beiden Bücher ist nun der Moment gekommen, sich die Frage zu stellen, ob sich die ganze Aktion gelohnt hat. In Summe waren es acht Jahre Arbeit mit sehr hoher Intensität, ganz besonders zum Schluss. Es scheint aber Studentinnen und Studenten zu geben, denen diese Bücher geholfen haben, und daher bin ich mit diesem Projekt zufrieden. Ganz besonders zufrieden bin ich damit, dass es auch einen unglaublichen Feedback von studentischer Seite gab, und noch immer gibt, den ich niemals erwartet hätte. Mein aufrichtiger Dank ergeht nochmals an alle, die mitgemacht haben, und an die, die auch heute noch mitmachen.

Teil II des Buches hat Ihnen hoffentlich einen effizienten Einstieg in das Gebiet der niedrig-dimensionalen Elektronensysteme und deren Anwendungen ermöglicht. Aber, wie ganz am Anfang erwähnt, wir haben uns wieder nur an der Oberfläche der Thematik bewegt. Wenn Sie mehr wissen wollen, als in diesem Buch steht, werden Sie wohl nun doch die restlichen paar tausend Seiten zu diesem Thema im Internet selber studieren müssen.

Für mich gilt weiterhin das Motto: Dieses Buch soll, wenn es geht, besser werden, aber nicht substantiell länger. Jeder Feedback (via E-mail an juergen.smoliner@ tuwien.ac.at) ist willkommen, und jeder Beitrag kommt namentlich auf die Liste der Helden von Haegrula im Dank. Ein aktuelles Vorab-Exemplar der nächsten Auflage des Buches bekommen Sie selbstverständlich und gratis per E-mail von mir. Da hat auch der Springer Verlag nichts dagegen.

Viel Erfolg beim Studium und beste Grüße aus Wien, Jürgen Smoliner

© Springer-Verlag GmbH Deutschland, ein Teil von Springer Nature 2021
J. Smoliner, *Grundlagen der Halbleiterphysik II*,
https://doi.org/10.1007/978-3-662-62608-5_7

Stichwortverzeichnis

© Springer-Verlag GmbH Deutschland, ein Teil von Springer Nature 2021
J. Smoliner, *Grundlagen der Halbleiterphysik II*,
https://doi.org/10.1007/978-3-662-62608-5

Printed in the United States
by Baker & Taylor Publisher Services